"十四五"时期国家重点出版物出版专项规划项目
先进制造理论研究与工程技术系列
国家双高数控技术专业群建设项目

特 种 加 工

主 编 李 蕾 副主编 高维艳 谭延宏
主 审 李子峰

哈尔滨工业大学出版社
HARBIN INSTITUTE OF TECHNOLOGY PRESS

内 容 简 介

根据《关于深化现代职业教育体系建设改革的意见》《职业院校教材管理办法》等文件精神,参考电加工操作等职业资格标准,结合编者多年教学一线经验,通过校企合作编写本书。本书通过项目引领、任务驱动,全面介绍了电火花成形加工技术、电火花线切割加工技术、激光切割(雕刻)加工技术、激光内雕加工技术、水切割加工技术、电化学加工技术。全书注重实用性、强调动手操作,同时重要的操作过程配有二维码视频。

本书可作为高等院校和中等职业教育的模具、机械、数控等专业的"理实一体"教学模式的教学用书,也可以作为从事电火花、线切割、激光、水切割、电化学加工等方面的工程技术人员和技术工人的参考书及培训用书。

图书在版编目(CIP)数据

特种加工/李蕾主编. —哈尔滨:哈尔滨工业大学出版社,2024.2

(先进制造理论研究与工程技术系列)
ISBN 978 - 7 - 5767 - 1211 - 7

Ⅰ.①特…　Ⅱ.①李…　Ⅲ.①特种加工　Ⅳ.①TG66

中国国家版本馆 CIP 数据核字(2024)第 016201 号

策划编辑　张　荣
责任编辑　张　荣　刘　威
出版发行　哈尔滨工业大学出版社
社　　址　哈尔滨市南岗区复华四道街 10 号　邮编 150006
传　　真　0451 - 86414749
网　　址　http://hitpress. hit. edu. cn
印　　刷　黑龙江艺德印刷有限责任公司
开　　本　787 mm×1 092 mm　1/16　印张 12　字数 282 千字
版　　次　2024 年 2 月第 1 版　2024 年 2 月第 1 次印刷
书　　号　ISBN 978 - 7 - 5767 - 1211 - 7
定　　价　42.00 元

前　言

特种加工技术在国际上被称为 21 世纪的新技术，主要用于解决机械制造中传统加工无法实现或难以实现的加工难题。本教材以特种加工技术中的电火花加工、激光加工、水切割加工、电化学加工为主要学习项目，重点介绍四种加工技术的基本原理、加工工艺及实操技能。

本教材根据高等职业教育的实际需要，以生产性的零件作为实操任务，以 OBE 教学理念设计教学过程，注重学习评量，突出能力培养。内容设计上本着"三位一体"的教学目标，将价值塑造、知识传授和能力培养紧密融合。

本教材编写模式新颖，文字简练，图文并茂，重要实操部分以视频形式，采用二维码编入教材中，方便学生自主学习。本教材使学生在完成工作任务中完成了学习，同时培养了学生安全、质量、责任、管理、纪律等工程意识和发现问题、分析问题、解决问题、合作沟通等从业品质。

本教材可作为高等职业教育和中等职业教育的模具、机械、数控等专业的"理实一体"教学模式的教学用书，也可以作为从事电火花、线切割、激光、水切割、电化学加工等方面的工程技术人员和技术工人的参考书及培训用书。

本书由黑龙江职业学院与泰州文杰设备有限公司合作编写。黑龙江职业学院李蕾任主编，主要编写绪论及任务一、三、五、六；黑龙江职业学院高维艳任第一副主编，主要编写任务二、四、七、十、十一；黑龙江职业学院谭延宏任第二副主编，主要编写任务八、九。李蕾负责全书的组织和统稿，泰州文杰设备有限公司王勇提供实操任务的设计及技术参数。全书由黑龙江职业学院李子峰主审。

由于时间仓促，加之编者水平有限，书中难免有疏漏及不足之处，恳请读者和专家批评指正。

编　者
2023 年 12 月

目　　录

学习项目一　电火花成形加工

学习项目二　电火花线切割加工

学习项目五　水切割加工

学习项目六　电化学加工

绪　　论

一、特种加工的产生、特点及其分类

1. 特种加工的产生

第二次世界大战后,特别是进入 20 世纪 50 年代以来,随着生产的发展和科技的进步,很多工业部门,尤其是国防工业部门,要求尖端科学技术产品向高精度、高速度、高温、高压、大功率、小型化等诸多方向发展,它们所采用的材料越来越难以加工,零件形状越来越复杂,加工精度、表面粗糙度和某些特殊要求也越来越高,并对机械制造提出了新的要求,仅仅依靠传统的切削加工方法就很难实现,甚至根本无法实现。人们相继探索研究新的加工方法,特种加工就是在这种历史条件下产生和发展起来的。

特种加工是指那些不属于传统切削加工工艺范畴的加工方法,不同于使用刀具、磨具等直接利用机械能切除多余材料的加工方法,它是直接利用电能、热能、声能、光能、化学能和电化学能,有时也结合机械能对工件进行的加工。特种加工中以采用电能为主的电火花加工和电解加工应用较广,泛称电加工。

特种加工是近几十年发展起来的新工艺,是对传统加工工艺方法的重要补充与发展,目前仍在继续研究开发和改进。

2. 特种加工的特点

(1)不依靠机械能。特种加工主要利用电能、热能、光能、电化学能、声能等去除工件上多余材料,这些加工方法与加工工件的强度、硬度等力学性能无关,所以可加工各种硬、软、脆、耐腐蚀、高熔点、高强度等金属或非金属材料。

(2)非接触加工。特种加工时工具与工件不发生直接接触,因此,工件不需承受大的作用力,工具硬度可低于工件硬度,同时加工时因工具与工件不发生直接接触,其热应力、残余应力、冷作硬化等均比较小,工件尺寸稳定性好。

(3)微细加工。有些特种加工,如超声波、电化学、水喷射、磨料流等,加工余量都是微细进行,故不仅可加工尺寸微小的孔或狭缝,还能获得高精度、极低粗糙度的加工表面。

(4)可组合形成新的复合加工。两种或两种以上的不同类型的能量可相互组合形成新的复合加工,其综合加工效果明显,且便于推广使用。

(5)特种加工对简化加工工艺、变革新产品的设计以及零件结构工艺性等产生积极的影响。

3. 特种加工的分类

特种加工发展至今已有 80 多年的历史,但其分类方法国际上并无明确的规定,目前一般按主要能量形式、作用形式进行分类,具体分类见表 0.1。

表 0.1　特种加工的分类

加工方法		主要能量形式	作用形式	英文缩写
电火花加工	电火花成形加工	电能、热能	熔化、汽化	EDM
	电火花线切割加工	电能、热能	熔化、汽化	WEDM
电化学加工	电解加工	电化学能	阳极溶解	ECM
	电铸加工	电化学能	阴极溶解	EFM
	涂镀加工	电化学能	阴极溶解	EPM
	电解磨削	电化学能、机械能	阳极溶解、机械磨削	ECG
高能束加工	激光束加工	光能、热能	熔化、汽化	LBM
	电子束加工	电能、热能	熔化、汽化	EBM
	离子束加工	电能、机械能	切蚀	IBM
	等离子弧加工	电能、热能	熔化、汽化	PAM
物料切蚀加工	超声波加工	声能、机械能	切蚀	USM
	磨料流加工	流体能、机械能	切蚀	AFM
	液体喷射加工	流体能、机械能	切蚀	LJC
快速成型加工	光固化法	光能、化学能	增加材料	SL
	粉末烧结法	光能、热能		SLS
	叠层实体法	光能、机械能		LOM
	熔丝堆积法	电能、热能、机械能		FDM
复合加工	电化学电弧加工	电化学能	熔化、汽化、腐蚀	ECAM
	电解电火花磨削	电能、热能	阳极溶解、熔化、切削	MEEC
	复合电解加工	电化学能、机械能	切蚀	CECM
	复合切削加工	机械能、声能、磁能	切削	CSMM
其他加工方法	化学加工	化学能	腐蚀	CM
	化学抛光	光能、化学能	光化学、腐蚀	OCM
	化学镀层	化学能	腐蚀	CE

二、特种加工的应用

特种加工对制造业的作用日益突出,它解决了传统加工方法所遇到的难题,已经成为现代工业不可缺少的重要加工方法和手段。

1.难加工材料

难加工材料如钛合金、耐热钢、不锈钢、高强钢、复合材料、工程陶瓷、金刚石、红宝石、硬化玻璃等高硬度、高韧性、高强度、高熔点的材料。

2. 复杂表面零件的加工

复杂表面零件如三维型腔、型孔、群孔和窄缝等的加工,以及各种热锻模、冲裁模和冷拔模的模腔和型孔、整体蜗轮、喷气蜗轮叶片、炮管内腔线、喷油嘴与喷丝头的微小孔等的加工。

3. 低刚度零件

特种加工可以加工低刚度零件,如薄壁零件、弹性元件等。

常见特种加工方法的性能、用途和工艺参数见表 0.2。

表 0.2　常见特种加工方法的性能、用途和工艺参数

加工方法	可加工材料	电极损耗/% (最低/平均)	材料去除率 /(mm³·min⁻¹) (平均/最高)	尺寸精度 /mm (平均/最高)	表面粗糙度值 Ra/μm (平均/最高)	主要适用范围
电火花成形加工	任何导电金属材料,如硬质合金、耐热钢、不锈钢和钛合金等	0.1/10	30/3 000	0.03/0.003	10/0.04	从微米尺寸的孔、槽到数米的超大型模具和工件等,如圆孔、方孔、螺纹孔及冲模、锻模、压铸模、拉丝模和塑料模等,还可以刻字、表面强化
电火花线切割加工		较小可补偿	20/200①	0.02/0.002	5/0.32	切割各种冲模和塑料模等,可切割各种样板、磁钢和硅钢片冲片,也可用于钨、钼、半导体或贵重金属的切割
电解加工		不损耗	100/10 000	0.1/0.01	1.25/0.16	从微小零件到超大零件及模具,如仪表微型小轴、齿轮上的毛刺、涡轮叶片、炮管膛线、各种异形孔、锻造模、铸造模,以及抛光、去毛刺等
电解磨削		1/50	1/100	0.02/0.001	1.25/0.04	硬质合金等难加工材料的磨削,如硬质合金刀具、量具、轧辊、深孔、细长杆磨削,以及超精光整研磨和珩磨
超声波加工	任何脆性材料	0.1/10	1/50	0.03/0.005	—	加工、切割脆硬材料,如玻璃、石英、宝石、金刚石,以及半导体单晶锗、硅等,可加工型孔、型腔、深孔和槽缝等
激光加工	任何材料	无工具不损耗	瞬时去除率高,但受功率限制,平均去除率不高	0.01/0.001	10/1.25	精密加工小孔、窄缝及成形切割、刻蚀,如金刚石拉丝模、钟表宝石轴承、喷丝板的小孔、切割钢板、石棉、纺织品、焊接和热处理
电子束加工						难加工材料上的微孔、窄缝、刻蚀、焊接,应用在中、大规模集成电路和微电子器件中
离子束加工			很低	0.01	0.01	对零件表面进行超精密、超微量加工,抛光、刻蚀、镀覆等

注:①电火花线切割加工的金属去除率用 mm²/min 为单位。

学习项目一 电火花成形加工

任务一 方槽的电火花加工

实操任务单

任务引入：在淬火后的钢件上加工如图 1.1 所示的方槽，应采用什么样的加工方法？一般情况下，经过淬火后的钢硬度大，同时图 1.1 所示方槽的直角使用传统加工不好实现，我们可以采用特种加工中一个常用的加工方法——电火花加工。

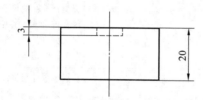

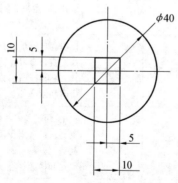

图 1.1 方槽零件图

教学目标	**知识目标**： 1.掌握电火花加工原理 2.熟知电火花加工常用术语 3.掌握电极设计的基本知识 **能力目标**： 1.学会电火花加工机床基本操作 2.学会工件的装夹与校正 3.学会电极的装夹与校正

续表

教学目标	素质目标： 1. 养成安全操作习惯，具有良好的职业道德 2. 能够吃苦耐劳，具有工匠精神
使用器材	电火花加工机床，工具电极，工件，游标卡尺，百分表等

实操步骤及要求：

一、任务分析

1. 本任务为什么采用电火花加工

2. 电火花加工与传统加工的异同点有哪些

3. 如何理解电火花加工的原理

二、任务计划

1. 仔细观察电火花加工机床，了解其结构及操作规程

2. 制订工件的安装、校正方案

3. 制订电极设计方案

4. 制订电极的装夹、校正方案

三、任务准备

1. 电火花加工机床的准备

2. 电极的准备

3. 工件的准备

4. 电加工辅助工具的准备

四、任务实施

1. 工件的装夹、校正

2. 电极的装夹、校正

3. 电极的定位

4. 机床操作

五、任务思考

1. 谈谈电火花加工机床各部构件的作用

2. 总结电极校正的方法有几种

3. 思考影响电火花加工速度的因素是什么

知 识 链 接

一、电火花加工基础知识

电火花加工又称放电加工，它是在加工过程中，使工具和工件之间不断产生脉冲性的火花放电，靠放电时产生局部、瞬时的高温将金属蚀除下来的加工方法。电火花加工主要分为电火花成形加工（采用成形工具电极进行仿形电火花加工的方法）、电火花线切割加工（利用金属丝作为电极对工件进行切割的方法）及其他类型的电火花加工，如电火花磨削加工、电火花刻字等。

(一)电火花加工原理

电火花加工基于电火花腐蚀原理,是利用工具电极和工件电极相互靠近,极间形成脉冲性火花放电,在电火花通道产生瞬间高温,使金属局部熔化,甚至汽化,从而将金属蚀除下来。我们以电火花成形加工为例阐述电火花加工原理,如图1.2所示。

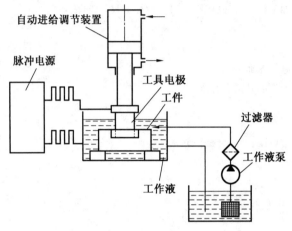

图 1.2　电火花加工原理

大量的实验研究表明,放电腐蚀的微观过程十分复杂,这一过程大致可分为以下几个阶段。

(1)极间介质的电离、击穿,形成放电通道,如图1.3所示。

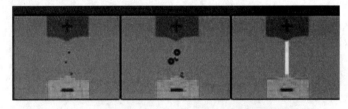

图 1.3　极间介质的电离、击穿,形成放电通道

工具电极与工件电极缓慢靠近,极间的电场强度增大,由于两个电极的微观表面是凸凹不平的,所以其间距离最小的凸出点电场强度最大。工具电极与工件之间充满液体介质,在强大的电场强度作用下,形成带负电的粒子和带正电的粒子,电场强度越大,带电粒子越多,最终导致液体介质电离、击穿,形成放电通道。

放电通道是由大量带正电和带负电的粒子及中性粒子组成,带电粒子高速运动,相互碰撞,产生大量热能,使放电通道温度升高,通道中心温度可达10 000 ℃以上。由于放电通道截面很小,而通道内由高温热膨胀形成的压力高达几万帕,高温高压的放电通道急速扩展,产生强烈的冲击波向四周传播。在放电的同时还伴随着光效应和声效应,这就形成了肉眼所看到的电火花。

(2)电极材料的熔化、汽化、热膨胀,如图1.4所示。

放电通道形成后,通道中的电子向正极方向高速运动,同时正离子会向负极运动。在运动过程中,带电粒子相互碰撞,产生大量的热,导致放电通道内温度骤升。通道内的高温把工作液介质汽化,同时也使金属材料熔化、汽化。这些汽化后的工作液和金属蒸气,会瞬间体积膨胀,如同一个个小的"炸药",因此在电火花加工过程中,经常可以看到放电间隙处冒出很多小的气泡,工作液变黑,并能听到轻微的爆炸声。

图 1.4 电极材料的熔化、汽化、热膨胀

（3）电极材料的抛出,如图 1.5 所示。

放电通道瞬时高温使工作液汽化和金属材料熔化、汽化、热膨胀,这会产生很高的瞬时压力。通道中心部位的压力最高,汽化后的气体体积不断向外部膨胀,形成气泡。气泡向四处飞溅,将熔化和汽化了的金属抛出。抛出的金属遇到冷的工作液后凝聚成细小的颗粒。熔化的金属抛出后,电极表面形成一个放电痕,也称放电坑。

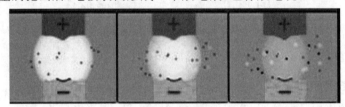

图 1.5 电极材料的抛出

（4）极间介质的消电离,如图 1.6 所示。

脉冲电压和脉冲电流下降至零,标志了一次脉冲放电过程的结束。放电通道内的带电粒子重新恢复到中性粒子状态,恢复了放电通道处间隙介质的绝缘强度,同时新的工作液不断地进入放电间隙中,使电极的表面温度得以不断降低,为下一周期的放电做准备。

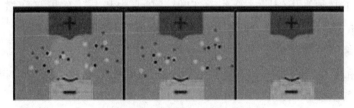

图 1.6 极间介质的消电离

上述（1）～（4）步骤在一秒内数千次甚至数万次地往复式进行,即单个脉冲放电结束,经过一段时间间隔（即脉冲间隔）使工作液恢复绝缘后,第二个脉冲又作用到工具电极和工件上,又会在当时极间距离相对最近或绝缘强度最弱处击穿放电,蚀出另一个小凹坑。这样以相当高的频率连续不断地放电,工件不断地被蚀除,故工件加工表面将由无数个相互重叠的小凹坑组成,多次放电的结果,工件表面产生大量凹坑,如图 1.7 所示。

电火花加工是大量的微小放电痕迹逐渐累积而成的去除金属的加工方式。实际加工中,工具电极在伺服进给系统的驱动下不断下降,当工具电极与工件之间的间隙足够小时,其轮廓形状便被"复印"到工件上,如图 1.8 所示。工具电极材料尽管也会被蚀除,但

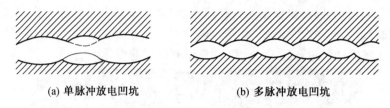

(a) 单脉冲放电凹坑　　　　　　　(b) 多脉冲放电凹坑

图 1.7　电火花加工表面局部放大图

其速度远小于工件材料被蚀除速度。

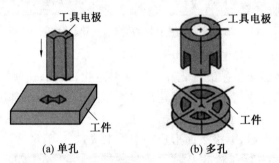

(a) 单孔　　　　　　　　(b) 多孔

图 1.8　工具电极的轮廓形状被"复印"到工件上

(二)电火花加工的必要条件

1. 必须采用脉冲电源

脉冲电源的作用是把普通 220 V 或 380 V、50 Hz 交流电转换成在一定频率范围内具有一定输出功率的单向脉冲电,提供电火花加工所需要的放电能量来蚀除金属,满足工件的加工要求。只有单向的脉冲电源,才能产生火花放电,否则将产生电弧,无法加工零件。

2. 适当的放电间隙

电火工加工必须采用伺服进给系统,以保证工具电极与工件电极间微小的放电间隙(一般间隙为 0.01~0.5 mm)。间隙过大,无法电离;间隙过小,发生短路。

3. 采用绝缘强度较高的工作液

电火花放电必须在具有绝缘强度较高的液体介质中进行。一般常用煤油、乳化液和去离子水等。其主要作用是:

(1)消电离。脉冲火花放电结束后尽快恢复放电间隙的绝缘状态,以便下一个脉冲电压再次形成火花放电。

(2)排除电蚀产物。绝缘强度较高的工作液使电蚀产物较易从放电间隙中悬浮、排泄出去,避免放电间隙严重污染,导致火花放电点不分散而形成有害的电弧放电。黏度、密度、表面张力越小的工作液,此项作用越强。

(3)冷却。绝缘强度较高的工作液可降低工具电极和工件表面瞬时放电产生的局部高温,否则表面会因局部过热而产生结碳、烧伤并形成电弧放电。

(4)增加蚀除量。工作液可压缩火花放电通道,增加通道中被压缩气体、等离子体的膨胀及爆炸力,从而抛出更多熔化和汽化的金属。

(三)电火花加工常用的术语

1.工具电极

电火花加工用的工具是电火花放电时的电极之一,故称为工具电极,经常简称电极。由于电极的材料常常采用铜,因此又称为铜公。

2.放电间隙 S

放电间隙是指加工时,工具和工件之间产生火花放电的距离,在加工过程中称之为加工间隙,它的大小一般在 $0.01\sim0.5$ mm 之间。粗加工时间隙较大,精加工时间隙较小。

3.脉冲宽度 $t_i(\mu s)$

脉冲宽度简称脉宽(常用 ON、TON 等符号表示),是加到电极和工件上放电间隙两端的电压脉冲的持续时间,如图 1.9(a)所示。为了防止电弧烧伤,电火花加工只能用断断续续的脉冲电压波。一般来说,粗加工时可采用较大的脉宽,精加工时采用较小的脉宽。

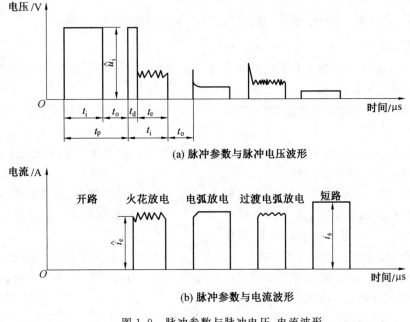

(a) 脉冲参数与脉冲电压波形

(b) 脉冲参数与电流波形

图 1.9　脉冲参数与脉冲电压、电流波形

4.脉冲间隔 $t_o(\mu s)$

脉冲间隔简称脉间或间隔(常用 OFF、TOFF 表示),是两个电压脉冲之间的间隔时间,如图 1.9(a)所示。间隔时间过短,放电间隙来不及消电离和恢复绝缘,容易产生电弧放电,烧伤电极和工件;间隔时间选得过长,将降低加工生产率。加工面积、加工深度较大时,脉间也应稍大。

5.加工电压 $u(V)$

加工电压是指加工时电压表上指示的放电间隙两端的平均电压,它是多个开路电压、火花放电维持电压、短路和脉冲间隔等电压的平均值。

6. 加工电流 i(A)

加工电流是加工时电流表上指示的流过放电间隙的平均电流。精加工时加工电流小,粗加工时加工电流大;间隙偏开路时加工电流小,间隙合理或偏短路时则加工电流大。

7. 峰值电流 i_e(A)

峰值电流是间隙火花放电时脉冲电流的最大值(瞬时),在日本、英国、美国常用 I_p 表示。虽然峰值电流不易测量,但它是影响加工速度、表面质量等的重要参数。在设计制造脉冲电源时,每一功率放大管的峰值电流是预先计算好的,选择峰值电流实际是选择几个功率管进行加工。

8. 短路电流 i_s(A)

短路电流是放电间隙短路时电流表上指示的平均电流,该值比正常加工时的平均电流值要大 20%~40%。

9. 电规准

电加工所用的电压、电流、脉冲宽度、脉冲间隔等电参数,称为电规准。

10. 放电状态

放电状态是指电火花加工时放电间隙内每一脉冲放电时的基本状态,一般分为 5 种放电状态,如图 1.9(b)所示。

(1)开路。放电间隙没有被击穿,间隙上有大于 50 V 的电压,但间隙内没有电流流过,为空载状态。

(2)火花放电。间隙内绝缘性能良好,工作液介质击穿后能有效地抛出、蚀除金属。波形上有高频振荡的小锯齿波形。

(3)电弧放电。由于排屑不良,放电点集中在某一局部而不分散,局部热量积累,温度升高,恶性循环,此时火花放电就变成电弧放电。由于放电点固定在某一点或某局部,因此称之为稳定电弧,常使电极表面结碳、烧伤。

(4)过渡电弧放电。过渡电弧放电是正常火花放电与稳定电弧放电的过渡状态,是稳定电弧放电的前兆。波形特点是击穿延时很小或接近于零的情况下,仅为一尖刺,而电压电流波上的高频分量变低时为稀疏的锯齿形。

(5)短路。放电间隙直接短路连接,这是由于伺服进给系统瞬时进给过多或放电间隙中有电蚀产物搭接所致。间隙短路时电流较大,但间隙两端的电压很小,没有蚀除加工作用。

以上各种放电状态在实际加工中是交替、概率性地出现的(与加工规准和进给量等有关),甚至在一次单脉冲放电过程中,也可能交替出现两种以上的放电状态。

11. 二次放电

二次放电是在已加工表面上,由于金属屑等的介入而进行再次放电的现象。

12. 电蚀产物

电蚀产物是指电火花加工过程中被电火花蚀除下来的产物,主要包括从两个电极上电蚀下来的金属材料微粒和工作液介质中分解出来的气体。

二、电火花成形加工

电火花成形加工即采用成形工具电极进行仿形电火花加工的方法。

(一)电火花成形加工机床简介

1. 电火花成形加工机床的型号、规格、分类

根据我国国家标准规定,电火花成形机床均用 D71 加上机床工作台面宽度的 1/10 表示。例如 D7132 中,D 表示电加工机床(若该机床为数控电加工机床,则在 D 后加 K,即 DK);71 表示电火花成形机床;32 表示机床工作台的宽度为 320 mm。

电火花加工机床按其大小可分为小型(D7125 以下)、中型(D7125~D7163)和大型(D7163 以上)。按其数控程度分为非数控、单轴数控和多轴数控。

2. 电火花成形加工机床的结构

电火花成形加工机床主要由机床本体、脉冲电源、自动进给调节系统、工作液过滤循环系统、数控系统等部分组成,如图 1.10 所示。

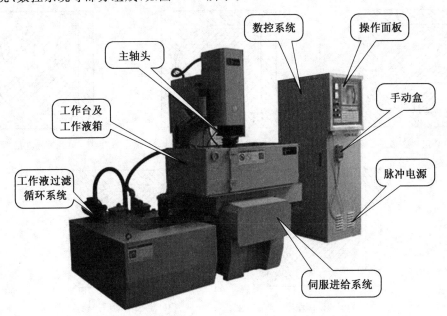

图 1.10　电火花成形加工机床的结构

1)机床本体。

机床本体主要由床身、立柱、主轴头及机床工作台和附件等部分组成,是用以实现工件和工具电极的装夹固定及运动的机械系统。

(1)床身、立柱、工作台。床身、立柱、工作台是电火花机床的骨架,起着支承、定位和便于操作的作用。因为电火花加工宏观作用力极小,所以对机械系统的强度无严格要求,但为了避免变形和保证精度,要求具有必要的刚度。

(2)主轴头。主轴头是电火花加工机床的一个关键部件,主要用于控制工件与电极之间的放电间隙。主轴头的质量直接影响加工工艺性指标,如生产率、加工精度和表面粗糙度。

(3)机床附件。电火花加工机床常有一些附件,如可调节工具电极角度的夹头、平动头、油杯等。下面主要介绍平动头。

电火花加工时粗加工的放电间隙比中加工的放电间隙要大,同样中加工的放电间隙比精加工的放电间隙也要大一些。当用一个电极进行粗加工时,将工件的大部分余量蚀除掉后,其底面和侧壁四周的表面粗糙度很差,为了将其修光,就需要转换电规准逐挡进行修整。但由于中、精加工规准的放电间隙比粗加工规准的放电间隙小,若不采取措施则四周侧壁难以修光,平动头就是为解决修光四周侧壁及提高其尺寸精度而设计的。

平动头的运动原理是:利用偏心机构将伺服电机的旋转运动通过平动轨迹保持机构转化成电极上每个质点都能围绕其原始位置在水平面内做平面小圆周运动,许多小圆的外包络线面积就形成加工横截面积,如图 1.11 所示。其中每个质点运动轨迹的半径就称为平动量,其大小可以由零逐渐调大,以补偿粗、中、精加工的电火花放电间隙之差,从而达到修光型腔的目的。

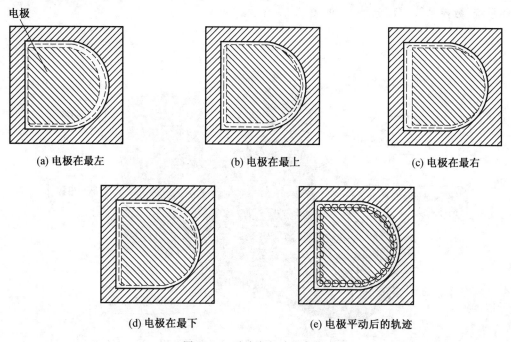

(a) 电极在最左　　　　　　(b) 电极在最上　　　　　　(c) 电极在最右

(d) 电极在最下　　　　　　(e) 电极平动后的轨迹

图 1.11　平动头运动示意图

2)脉冲电源。

在电火花加工过程中,脉冲电源的作用是把工频正弦交流电流转变成频率较高的单向脉冲电流,向工件和工具电极(常用电极表述)间的加工间隙提供所需要的放电能量以蚀除金属。脉冲电源的性能直接关系到电火花加工的加工速度、表面质量、加工精度和工具电极损耗等工艺指标,脉冲电源基本组成如图 1.12 所示。

脉冲电源输入为 380 V、50 Hz 的交流电,其输出应满足如下要求:

(1)输出一系列稳定可靠的脉冲,且有较强的抗干扰能力。

（2）脉冲能量达到加工要求。

（3）脉冲波形、脉冲电压幅值、脉冲电流峰值、脉冲宽度和脉冲间隔要满足加工要求。

（4）脉冲参数（如脉宽、脉间等）易于调节，且调节范围满足加工要求。

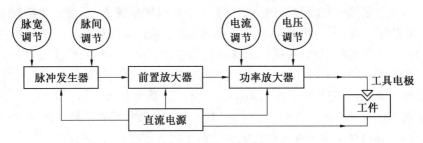

图 1.12　脉冲电源基本组成

3）自动进给调节系统。

电火花成形加工的自动进给调节系统，主要包含伺服进给系统和参数控制系统。

（1）伺服进给系统主要用于控制放电间隙的大小，即维持一定的"平均"放电间隙 S，保证火花加工正常稳定进行，放电间隙 S、蚀除速度 v_w 和进给速度 v_d 关系如图 1.13所示。

① 若工件蚀除速度（v_w）大于工具电极进给速度（v_d），则间隙 S 过大，此时需要 S 减小到某一值，火花开始放电；

② 若工件蚀除速度（v_w）小于工具电极进给速度（v_d），则 S 过小，此时需要减小 v_d；

③ 若出现短路（$S=0$），则工具电极需要以较大速度回退。

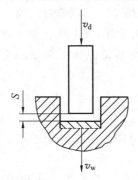

图 1.13　放电间隙、蚀除速度和进给速度关系

（2）参数控制系统主要用于控制电火花成形加工中的各种参数（如放电电流、脉冲宽度、脉冲间隔等），以便能够获得最佳的加工工艺指标等。

4）工作液过滤循环系统。

工作液过滤循环系统主要由工作液箱、电动机、泵、过滤装置、工作液槽、油杯、管道、阀门和测量仪表等部分组成。

电火花加工中的蚀除产物，一部分以气态形式抛出，其余大部分是以球状固体微粒分散地悬浮在工作液中，直径一般为几微米。随着电火花加工的进行，蚀除产物越来越多，充满在电极和工件之间，或粘连在电极和工件的表面上。蚀除产物的聚集，会与电极或工件形成二次放电。这就破坏了电火花加工的稳定性，降低了加工速度，影响了加工精度和表面粗糙度。为了改善电火花加工的条件，一种办法是使电极振动，以加强排屑作用；另一种办法是对工作液进行强迫循环过滤，以改善加工间隙状态。

5）数控系统。

数控系统规定除了直线移动的 X、Y、Z 三个坐标轴系统外，还有三个转动的坐标系统，即绕 X 轴转动的 A 轴，绕 Y 轴转动的 B 轴，绕 Z 轴转动的 C 轴。若机床的 Z 轴可以连续转动但不是数控的，如电火花打孔机，则不能称其为 C 轴，只能称其为 R 轴。

根据机床的数控坐标轴的数目，目前常见的数控机床有三轴数控电火花机床、四轴三联动数控电火花机床、四轴联动或五轴联动甚至六轴联动电火花加工机床。三轴数控电火花加工机床的主轴 Z 和工作台 X、Y 都是数控的。从数控插补功能上讲，又将这种类型机床细分为三轴两联动数控电火花机床和三轴三联动数控电火花机床。

三轴两联动是指 X、Y、Z 三轴中，只有两轴（如 X、Y 轴）能进行插补运算和联动，电极只能在平面内走斜线和圆弧轨迹（电极在 Z 轴方向只能做伺服进给运动，但不是插补运动）。三轴三联动系统的电极可在空间做 X、Y、Z 方向的插补联动（如可以走空间螺旋线）。

四轴三联动数控电火花机床增加了 C 轴，即主轴可以数控回转和分度。现在部分数控电火花机床还带有工具电极库，在加工中可以根据事先编制好的程序，自动更换电极。

（二）电火花成形加工的特点

1. 电火花成形加工的优点

（1）适合难切削材料的加工。电火花加工是靠放电时的电热作用实现的，材料的可加工性主要取决于材料的导电性及其热学特性，如熔点、沸点、比热容、热导率、电阻率等，而与其力学性能（硬度、强度等）几乎无关，因此电火花加工突破了传统切削工具的限制，实现了用软的工具加工硬韧的工件，甚至可以加工像聚晶金刚石、立方氮化硼一类的超硬材料。

（2）可以加工特殊及复杂形状的零件。电火花加工中工具电极和工件不直接接触，没有机械加工的切削力，因此适宜加工低刚度工件及细微加工。由于可以简单地将工具电极的形状复制到工件上，因此特别适用于复杂表面形状工件的加工，如复杂形腔模具加工等。

（3）易于实现加工过程自动化。电火花加工直接利用电能加工，而电能、电参数易于数字控制，因此电火花加工适应智能化控制和无人化操作等。

（4）可以改进加工零件的结构设计，改善其结构的工艺性。例如，采用电火花加工可以将拼镶结构的硬质合金冲模改为整体式结构，从而减少了模具加工工时和装配工时，并延长了模具的使用寿命。

2. 电火花成形加工的局限性

（1）目前，电火花成形加工只能用于加工金属等导电材料。根据电火花加工机理，电火花成形加工不能用来加工塑料、陶瓷等绝缘的非导电材料，在一定条件下可以加工半导体和聚晶金刚石等非导体超硬材料。

（2）加工速度一般较慢。因此通常安排工艺时多采用切削加工去除大部分余量，然后再进行电火花加工,以提高生产率。如果采用特殊水基不燃性工作液进行电火花加工,其粗加工生产率高于切削加工。

(3)存在电极损耗。因电火花加工靠电、热来蚀除金属,电极也有一定损耗,且其损耗多集中在尖角或底面,影响成形精度。当今,粗加工时电极相对损耗比可以降至 0.1% 以下,在中、精加工时能将损耗比降至 1% 甚至更小。图 1.14 所示为电火花加工存在的电极损耗。

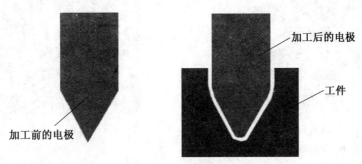

图 1.14　电火花加工存在的电极损耗

(4)产生二次放电,形成加工斜度。电蚀产物在排除过程中,与电极距离太小时会引起二次放电,形成加工斜度,影响加工精度,如图 1.15 所示。

(5)最小角部半径有限制。一般电火花加工能得到的最小角部半径等于工作间隙(通常为 0.02～0.03 mm),如图 1.16 所示。若电极有损耗或采用平动头加工,则角部半径还要增大。目前,多轴数控电火花加工机床采用 X、Y、Z 轴数控摇动加工,可以清棱清角地加工出方孔、窄槽的侧壁和底面。

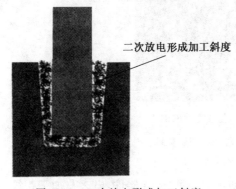

图 1.15　二次放电形成加工斜度

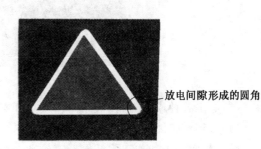

图 1.16　放电间隙造成圆角

(三)电火花成形加工的应用

电火花加工与传统机械加工完全不同,其加工可以在淬火后进行,不必修正热处理后的变形问题。电火花加工在模具制造、航空航天、电子、核能、仪器、轻工等领域用来解决各种难加工材料和复杂形状零件的加工中得到了广泛应用,加工范围可从几微米的孔、槽到几米大的超大型模具和零件。电火花加工具体应用如下。

(1)加工模具。

加工模具如塑料模、锻模、拉伸模、压铸模、冲模和挤压模等。图 1.17 所示为注塑模成型镶件,其形状复杂,沟槽拐角特别多,带有深窄小槽,机械加工无法完成,而采用电火花加工效果比较好;图 1.18 所示为发动机模具,其形状复杂,加工中心无法一次成形,适合制作整体电极进行加工,并且可获得均匀的火花纹表面。

图 1.17　注塑模成型镶件

图 1.18　发动机模具

(2)加工耐热合金钢及难加工材料。

对于硬而脆的耐热合金钢,传统切削加工容易打刀,故可采用电火花成形加工。由于工件和电极不产生机械作用力,所以不受材料硬度限制,适合各种难加工的材料。图1.19所示为航空高温耐热合金零件的加工,由于材料特殊,使用机械加工方法不能完成,可采用电火花加工这些高熔点的材料。

图 1.19　航空高温耐热合金零件的加工

(3)加工各种成形刀、样板、工具、量具和螺纹等成形工具。

(4)微细精密加工。

微细精密加工如加工化纤异形喷丝孔、发动机喷油嘴、激光器件,电火花加工花纹、刻字等。

(四)电火花成形加工的实施准备

电火花成形加工的实施准备主要包括:工件的准备、电极的准备、加工参数的选择等。

1. 工件的准备

工件的准备主要包括工件的装夹与校正。

1)工件的装夹。

由于工件的形状、大小各异,所以电火花加工工件的装夹方法有多种,通常采用永磁吸盘来装夹工件。为了适应各种不同工件加工的需求,还可采用其他专用工具来进行装夹。下面主要介绍在实际加工中常用的工件装夹方法。

(1)永磁吸盘装夹工件。使用永磁吸盘来装夹工件是电火花加工中最常用的装夹方法。永磁吸盘是使用高性能磁钢,通过强磁力来吸附工件,其吸夹工件牢靠、精度高、装卸加工快,是较理想的电火花加工机床的装夹设备,永磁吸盘装夹工件如图 1.20 所示。

(2)平口钳装夹工件。平口钳是通过固定钳口部分对工件进行装夹定位。平口钳装夹工件如图 1.21 所示。

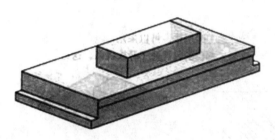

图 1.20　永磁吸盘装夹工件

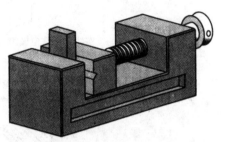

图 1.21　平口钳装夹工件

(3)导磁块装夹工件。导磁块放置在永磁吸盘台面上来使用,它通过传递永磁吸盘的磁力来吸附工件。应注意导磁块磁极线与永磁吸盘磁极线的方向要相同,否则不会产生磁力。图 1.22 所示为用两个导磁块支承工件的两端,使加工部位的通孔处于开放状态,这样可以改善加工中的排屑效果。

2)工件的校正。

工件装夹完成以后,要对其进行校正。工件校正就是使工件的工艺基准与机床 X、Y 轴的轴线平行,以保证工件的坐标系方向与机床的坐标系方向一致。在实际加工中,使用百分表来校正工件是应用最广泛的校正方法,如图 1.23 所示为用百分表校正工件。

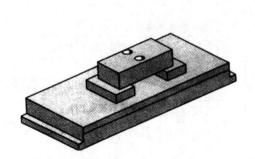

图 1.22　导磁块装夹工件

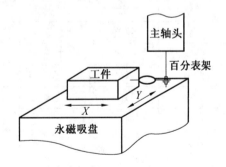

图 1.23　百分表校正工件

2.电极的准备

电极的准备工作主要包括电极的设计、装夹、校正及定位。

1)电极的设计。

电极设计是电火花加工中的关键点之一。在设计中,首先要详细分析产品图纸,确定电火花加工位置;第二要根据现有设备、材料、拟采用的加工工艺等具体情况确定电极的结构形式;第三要根据不同的电极损耗、放电间隙等工艺要求对照型腔尺寸进行缩放,同时要考虑工具电极各部位投入放电加工的先后顺序不同,工具电极上各点的总加工时间和损耗不同,同一电极上端角、边和面上的损耗值不同等因素来适当补偿电极。例如,图1.24 所示为经过损耗预测后对电极尺寸和形状进行补偿修正的示意图。

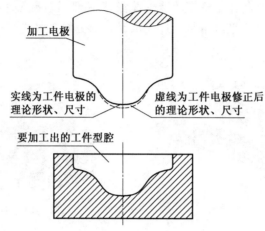

加工电极

实线为工件电极的　　　　　虚线为工件电极修正后
理论形状、尺寸　　　　　　 的理论形状、尺寸

要加工出的工件型腔

图 1.24　电极补偿图

(1)电极材料选择。从理论上讲,任何导电材料都可以作为电极。但不同材料的电极对于电火花加工速度、加工质量、电极损耗、加工稳定性有重要的影响。因此,在实际加工中,应综合考虑各个方面的因素,选择最合适的材料作为电极。

目前常用的电极材料有钢、铸铁、黄铜、紫铜(纯铜)、石墨、铜钨合金、银钨合金等,这些材料的性能见表1.1。

表 1.1　电火花加工电极材料的性能

电极材料	电加工性能		机加工性能	说　　明
	稳定性	电极损耗		
钢	较差	中等	好	在选择电规准时注意加工稳定性
铸铁	一般	中等	好	为加工冷冲模时常用的电极材料
黄铜	好	大	尚好	电极损耗太大
紫铜	好	较大	较差	磨削困难,不易与凸模连接后同时加工
石墨	尚好	小	尚好	机械强度较差,易崩角
铜钨合金	好	小	尚好	价格高,在深孔、直壁孔、硬质合金模具加工中使用
银钨合金	好	小	尚好	价格高,一般少用

(2)电极尺寸的确定。电火花成形加工是电极的形状"复印"到工件上的一种放电加工方法,所以电极的形状一般与被加工零件的形状相似,但尺寸大小与型腔的加工方法、加工时的放电间隙、电极损耗以及是否采用平动等因素有关。电极设计时需确定的电极尺寸如下。

①电极的水平方向尺寸。电极在垂直于主轴进给方向上的尺寸称为水平方向尺寸。

当型腔经过预加工,采用单电极进行电火花精加工时,其电极的水平方向尺寸确定与穿孔加工相同,只需考虑放电间隙即可。

电极的水平方向尺寸可用下式确定:

$$a＝A±Kb$$

式中　a——电极水平方向尺寸;

　　　　A——型腔的基本尺寸;

　　　　K——与型腔尺寸标注有关的系数;

　　　　b——电极单边缩放量。

注意　公式中"±"的选择为:放大用"＋"号;反之用"－"号。K 值选取原则:当图中型腔尺寸完全标注在边界上(即相当于直径方向尺寸或两个边界都为定形边界)时,K 取2;一端以中心线或非边界线为基准(即相当于半径方向尺寸或一端边界定形另一端边界定位)时,K 取1;对于图中型腔中心线之间的位置尺寸(即两个边界为定位尺寸),电极上相对应的尺寸不增不减,K 取0。对于圆弧半径,亦按上述原则确定,如图 1.25 中所示,尺寸计算如下:

$$a_1＝A_1-2b;\quad a_2＝A_2+2b;\quad c＝C;\quad r_1＝R_1-b;\quad r_2＝R_2+b$$

②电极的垂直方向尺寸。电极总高度等于型腔最深尺寸、安全高度及电极长度损耗之和,如图 1.26 所示,总高度 $h＝h_1+h_2$。

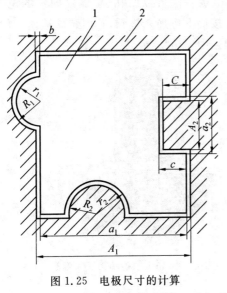

图 1.25　电极尺寸的计算

1—电极;2—工件型腔

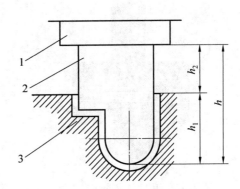

图 1.26　电极总高度确定说明图

1—夹具;2—电极;3—工件

安全高度是指加工结束时,电极固定板不与模具或压板相碰以及同一电极需重复使用而增加的高度,一般取 5~20 mm。

2)电极的装夹。

电极在安装时,一般使用通用夹具或专用夹具直接将电极装夹在机床主轴的下端。常用装夹方法有下面几种。

（1）标准套筒装夹。小型的整体式电极多数采用通用夹具直接装夹在机床主轴下端，即采用标准套筒，如图 1.27 所示。

（2）钻夹头装夹。采用钻夹头装夹如图 1.28 所示，适用于圆柄电极的装夹（电极的直径要在钻夹头范围内）。通常可以在钻夹头上开设冲液孔，在加工时使工作液均匀地沿圆柄电极淋下，达到较好的排屑效果。

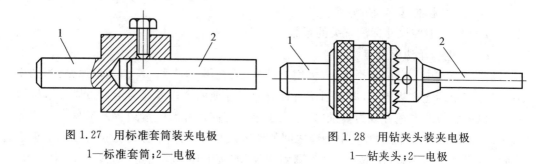

图 1.27　用标准套筒装夹电极　　　　　图 1.28　用钻夹头装夹电极
1—标准套筒；2—电极　　　　　　　　1—钻夹头；2—电极

（3）U 形夹头装夹。图 1.29 所示为采用 U 形夹头装夹电极，适用于方形电极和片状电极，通过拧紧夹头上的螺钉来夹紧电极。

（4）电极柄结构装夹。图 1.30 所示为采用电极柄结构装夹电极，适用于尺寸较大的圆形电极、方形电极，以及几何形状复杂而且在电极一端可以钻孔、套螺纹固定的电极。为了保证装夹的电极在加工中不会发生松动，连接柄上应加入垫圈，并用螺母锁紧。如果只是将连接柄旋入电极的螺钉孔中，有可能在加工中发生松动。

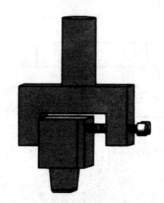　　　

图 1.29　用 U 形夹头装夹电极　　　　　图 1.30　用电极柄结构装夹电极

（5）固定板结构装夹。图 1.31 所示为采用固定板结构装夹电极，适用于质量较大、面积较大的电极。将电极固定在磨平的固定板上，用螺栓来连接、锁紧，通过固定板上粗大的连接柄将电极牢固地装夹在主轴头上。

（6）活动 H 结构的夹具装夹。图 1.32 所示为采用活动 H 结构的夹具装夹电极。H 结构夹具通过螺钉 2 和活动装夹块来调节装夹宽度，用螺钉 1 撑紧活动装夹块，使电极被夹紧，适用于方形电极和片状电极，尤其适用于薄片电极。夹口面积较大，不会损坏电极的装夹部位。

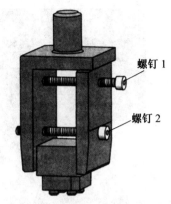

图 1.31　用固定板结构装夹电极　　　　　　　　图 1.32　用活动 H 结构的夹具装夹电极

（7）平口钳装夹。图 1.33 所示为标准的平口钳装夹夹具，适用于方形电极和片状电极。

3）电极的校正。

电极装夹好后，必须进行校正才能加工，即不仅要调节电极与工件基准面垂直，而且有时还需在水平面内调节、转动一个角度，使工具电极的截面形状与将要加工的工件型孔或型腔定位的位置一致。一般电极的校正方法有如下 3 种。

（1）精密刀口角尺校正。采用精密刀口角尺可校正侧面较长、直壁面类电极的垂直度。校正时，使精密刀口角尺的刀口靠近电极侧壁基准，如图 1.34 所示。通过观察透光情况来判断电极是否垂直。

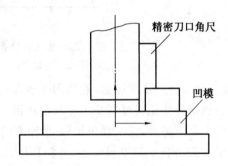

图 1.33　用平口钳装夹电极　　　　　　　　　图 1.34　精密刀口角尺校正电极

如果在 X 轴方向不垂直，可以调整电极夹头如图 1.35 所示的 3、5，如果在 Y 轴方向不垂直，可以调整电极夹头，如图 1.35 所示的 4、6。工具电极装夹完成后，工具电极形状与工件的型腔之间常常存在着不完全对准的情况，此时需要对工具电极进行旋转校正。校正方法是轻轻旋动主轴夹头上的调整电极旋转的 1、2，确保工具电极与工件型腔对准。

（2）百分表校正。由于精密刀口角尺的精度仍不是最高，因此在用角尺校准完毕后，还应使用百分表进行校正。图 1.36 所示为使用百分表校正电极垂直度，校正步骤如下。

①将磁性表座吸附在机床的工作台上，然后把百分表装夹在表座的杠杆上。

②沿 X 轴方向工具电极校正。首先将百分表的测量杆沿 X 轴方向轻轻接触工具电

(a) 实物图

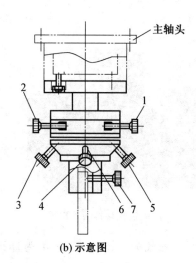
(b) 示意图

图 1.35　电极夹头结构实物图及示意图
1,2—电极旋转角度的调整螺钉及锁紧螺母;3,5—电极 X 轴方向调整螺钉及锁紧螺母;
4,6—电极 Y 轴方向调整螺钉及锁紧螺母;7—电极夹紧螺钉及锁紧螺母

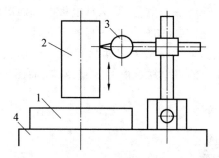

图 1.36　使用百分表校正电极垂直度
1—工件;2—电极;3—百分表;4—永磁吸盘

极,并使百分表有一定的读数,然后用手操器使主轴(Z 轴)上下移动,观察百分表的指针变化。根据指针变化就可判断出工具电极沿 X 轴方向的倾斜状况,调节电极夹头上 X 轴方向的两个调节螺钉,使工具电极沿 X 轴方向保持与工件垂直。

③沿 Y 轴方向工具电极校正。将百分表的测量杆沿 Y 轴方向轻轻接触工具电极,并使百分表有一定的读数,校正步骤同②。

(3)火花校正。当电极端面为平面时,可用弱电规准在工件平面上放电打印,根据工件平面上放电火花分布的情况来校正电极,直到调节至四周均匀地出现火花为止。

4)电极的定位。

当电极和工件正确装夹校正后,必须将电极定位于要加工工件的某一位置,以保证加工的孔或型腔在工件上的位置精度。数控电火花加工机床一般都有接触感知功能,在实际操作中,电极通常运用接触感知功能获得正确的加工位置。

(1)电极定位于工件中心,如图 1.37 所示,操作的具体过程如下。

①移动机床 X 轴方向的手轮,将电极触碰 AB 边,直到接触感知后停止时,将 AB 边

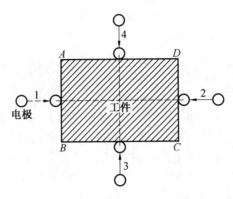

图 1.37　电极定位于工件中心

坐标清零；

②将电极移到 DC 边，触碰 DC 边，直到接触感知后停止时，记下当前坐标的 X 值；

③将电极移到 X 方向的中心（即 $X_{BC}/2$）；

④移动机床 Y 轴方向的手轮，将电极触碰 BC 边，直到接触感知后停止时，将 BC 边坐标清零；

⑤将电极移到 AD 边，触碰 AD 边，直到接触感知后停止时，记下当前坐标的 Y 值；

⑥将电极移到 Y 方向的中心（即 $Y_{DC}/2$）。

（2）电极定位于工件某一点，如图 1.38 所示定位 O 点，操作的具体过程如下。

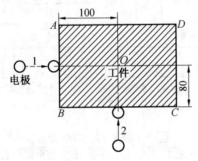

图 1.38　电极定位于工件 O 点

①移动机床 X 轴方向的手轮，电极（设电极半径为 R）触碰 AB 边，直到接触感知后停止时，将 AB 边坐标清零；

②移动机床 Y 轴方向的手轮，将电极移到 BC 边，触碰 BC 边，直到接触感知后停止时，将 BC 边坐标清零；

③分别移动机床 X 轴方向和 Y 轴方向手轮，将电极移到坐标（$100+R,80+R$），即找到 O 点的位置。

（五）电火花成形加工机床的操作

现以北京迪蒙卡特电火花成形加工机床为例，说明电火花成形加工设备的操作。

1.总电源（开）

在电源柜弱电通电后，方可按下总电源（开）按钮（总电源指示灯亮）。这时控制部分强电开启,可进行 Z 轴的操作。

2.总电源(关)

需要关机时,应先按下总电源(关)按钮,以切断控制强电电源。

3.电源柜操作面板(图 1.39)

(1)急停按钮。当出现紧急情况时按下此按钮可紧急断电,将切断电源柜全部电源。在每次关机时也应按下此按钮,切断电源。开机时,开启此按钮,这时电源柜弱电打开,NC 电源供电,数码管显示加工参数。此按钮为自锁按钮,按下时自动锁定,需要开启时右旋即可。

注意: 开启急停按钮需几秒钟后再进行其他操作。

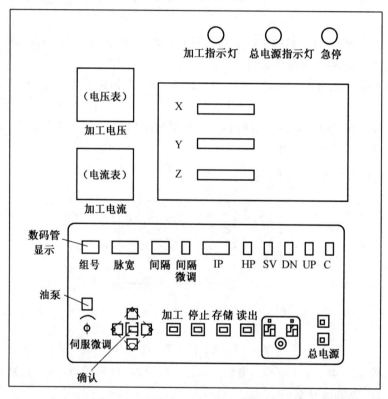

图 1.39 电源柜操作面板

(2)存储键。存储用户自定义的加工参数。当用户使用的参数组系统中没有时,可将自己选用的参数组存储起来。操作时首先输入组号(注意用户自定义存储时,组号要在 70~99 之间),之后输入所需参数,按存储键即可。

(3)数码管。

数码管显示的含义见表 1.2。

表 1.2 数码管显示的含义

名称	含 义
组号	显示输入组号
脉宽	低 2 位:显示脉冲宽度分挡号;最高位:显示控制功能
间隔	脉冲间隔分挡号
间隔微调	脉冲间隔的微调整。调整幅度为 0~9 μs
IP	低压加工电流分挡。选择范围为 0~63.5,对应加工电流随脉冲占空比而定
HP	高压加工电流分挡。选择范围为 1、2、4、7(3、5、6 为 0,未用)
SV	伺服电压分挡。选择范围为 0~9
DN	抬刀加工时,加工时间分挡。选择范围为 0~9
UP	抬刀加工时,抬起时间分挡。选择范围为 0~9
C	反打(调至 6 为反打,0 为正打)

(4)(电压表)加工电压。加工时放电间隙平均电压指示。

(5)(电流表)加工电流。加工时放电间隙平均电流指示。

(6)总电源指示灯。开启总电源时该灯亮。

(7)工作液泵指示灯,即为图 1.39 所示电源柜操作面板上标识为油泵。按此泵按钮后该灯亮,表示工作液泵开启。

4.手控盒操作面板(图 1.40)

(1)L-M-F。手动操作时的运动速度选择,L 为低速;M 为中速;F 为高速。

(2)△。手动 Z 轴向上运动。

(3)▽。手动 Z 轴向下运动。

(4)加工键。同电源柜操作面板。

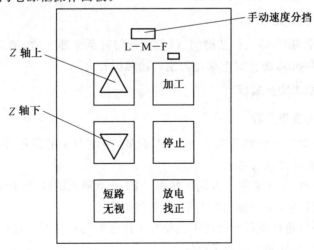

图 1.40 手控盒操作面板

(5)停止键。同电源柜操作面板。

(6)放电找正。输出指定加工参数,其他同加工键,用于火花放电校正。电火花实际加工中大部分标为放电校正。

(7)短路无视。此键与▽键同时使用强制 Z 轴在短路情况下仍可向下运动(因为短路时,工作头不向下移动),用于电极校正。

5.主轴头上下控制(图 1.41)

立柱侧面有一手轮,控制主轴头辅助行程上下运动。摇动手轮前先松开机头锁紧手柄,调整至工作台适当距离,再旋紧该手柄,固定主轴头。

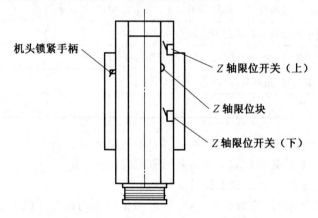

图 1.41　主轴头上下控制示意图

6.工作台前后、左右运动

(1)工作台左右移动(X 轴)。站在电源柜前面,面向工作台,转动左侧手轮,可移动行程,即为工作台 X 轴方向的移动,定位后紧固行程固定手柄,防止松动。

(2)工作台前后移动(Y 轴)。站在电源柜前面,面向工作台,转动前面手轮,可移动行程,即为工作台 Y 轴方向的移动,定位后锁紧行程固定手柄,防止松动。

7.工作液槽使用(图 1.42)

当机器停止使用时,请放松油槽门,以免油槽门胶条变形失效;加工时工作液应高于被加工物 50~100 mm,防止放电火花与空气接触而着火。

(六)电火花加工安全规程

1.机床正确的操作流程

(1)把机床电源柜的电源开关置于"ON"位置,将电源柜的急停按钮旋出,最后按下电源柜的启动按钮就可以启动机床。

(2)运行机床时,需使主轴进入伺服状态(即工作液液面的高度、油温已进入自动监控状态),并检查其接触感知功能是否正常、可靠和正确。

(3)用精密刀口角尺和百分表校正电极与工作台面的垂直度,然后用百分表校正工件基准面和工作台坐标移动方向的平行度。

(4)调出加工软件的定位功能模块对工件进行定位。

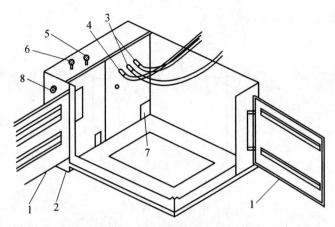

图 1.42 工作液槽使用示意图

1—防漏胶条；2—工作液溢出回油槽；3—冲油管；4—抽油管；5—出油控
制闸；6—液面高度控制闸；7—进油孔；8—压力表(指示喷油压力)

(5)根据零件的具体要求，用手动方式设置加工参数或调入预先编制好的加工程序。

(6)启动油泵，放入工作液并调整液面高度，使液面高出被加工工件 50 mm 以上。

(7)根据加工的具体要求，正确选择加工参数。

(8)用鼠标点击加工软件界面的"开始"以启动脉冲电源进行加工。

(9)当加工完成报警声响起时，请按回车确认已经完成加工任务，然后将放液手把置于"开"的位置，把工作液放完为止。

(10)工作完成后，按键盘的[F12]退出加工软件，并关闭计算机和切断所有电源。

2.机床操作安全知识

(1)机床正在加工时，禁止同时接触机床和工具电极部分，以防触电。如果操作人员脚下没有铺垫橡胶、塑料等绝缘垫，则加工过程不能触摸工具电极。

(2)加工场所严禁吸烟和严禁其他明火，必须定期检查消防灭火设备是否符合要求。

(3)若机床使用可燃性工作液，工作液的燃点必须在 70 ℃以上，必须采用浸入式加工，且工作液液面高于工件表面至少 50 mm。

(4)机床加工过程会产生大量的烟雾、油雾和异味，必须有妥善的通风排烟设施。

(5)加工过程中操作者必须坚守岗位，思想集中，不得擅自离开。发现异常情况要马上按下急停按钮并及时处理或向有关人员报告。不允许无关人员擅自进入电加工场所。

(6)下班前应切断总电源并关好门窗。

思考与练习

1.简述电火花加工的必要条件。

2.简述工作液的作用。

3.简述本任务工件如何装夹？

4.图 1.43 所示为一凹模型腔，请设计电火花精加工此型腔时电极水平方向尺寸，已知精加工的单边放电间隙为 0.01 mm。

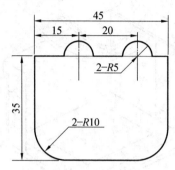

图 1.43　凹模型腔

5. 说明用百分表(或千分表)如何校正电极的垂直度？如果电极和工作台不垂直,如何调整？

6. 如图 1.44 所示,ABCD 为矩形工件,AB、BC 边为设计基准,现欲用电火花加工圆孔,孔的中心为 O 点,O 点到 AB、BC 边的距离如图所示,已知圆形电极的直径为 20 mm,请写出电极定位 O 点的具体过程。

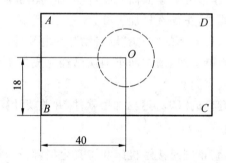

图 1.44　工件校正图

7. 简述电火花加工的基本过程。

8. 根据本任务完成情况填写表 1.3。

表 1.3　任务完成情况表

检查项目	加工前	加工后	根据对比结果,分析产生变化的原因
电极加工部位的颜色			
电极加工部位表面粗糙度			
电极长度			

实操评量表

学生姓名：_____　学号：_____　班级：_____

序号	考核项目	项目	子项目	个人评价	组内互评	教师评价
1	知识目标达成度	电火花加工基础知识20%	搜集信息5%			
			信息学习8%			
			引导问题回答7%			
2	能力目标达成度	任务实施、检查60%	电极设计10%			
			工件装夹、校正15%			
			电极装夹、校正15%			
			电参数的选择10%			
			加工质量10%			
3	职业素养达成度	团结协作10%	配合很好5%			
			服从组长安排3%			
			积极主动2%			
		敬业精神10%	学习纪律10%			
评语						

任务二　落料模具的电火花加工

实操任务单

任务引入：如图 2.1 所示为一模具型腔。这类零件的特点是：材料较硬，尺寸精度、表面粗糙度要求高，位置精度高。用传统切削加工难度较大，采用电火花加工模具型腔较好地满足其质量和精度要求。

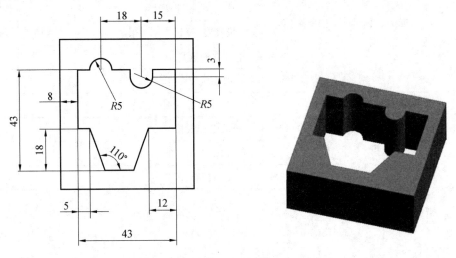

图 2.1　落料模具型腔的电火花加工零件图

教学目标	知识目标：
	1.了解电火花加工工艺规律
	2.掌握电火花加工方法
	能力目标：
	1.学会电火花加工条件的选用
	2.熟练装夹与校正工件
	3.熟练装夹与校正电极
	素质目标：
	养成安全操作习惯，具有良好的职业道德
使用器材	电火花加工机床,电极,工件,游标卡尺,百分表,千分表等

续表

实操步骤及要求：

一、任务分析

1.选用哪些参数能保证零件的加工精度和加工质量

2.如何提高加工速度

3.电火花加工的方法有哪些

二、任务计划

1.画出电极的零件图

2.制订电极装夹、校正方案

3.制订电参数选择方案

三、任务准备

1.电火花加工机床的准备

2.工件、电极的准备

3.电极加工辅助工具

四、任务实施

1.工件的装夹与校正

2.电极的装夹与校正

3.电参数的选择

4.操作机床加工

五、任务思考

1.影响电火花加工速度、精度有哪些因素

2.怎样利用极性效应和覆盖效应

知 识 链 接

一、电火花成形加工主要工艺指标及其影响因素

电火花成形加工与切削加工相比，前者的工艺过程和所涉及的工艺参数要比后者复杂得多。从加工结果来看，主要体现在加工速度、电极损耗、表面质量和加工精度四个方面。

(一)影响加工速度的主要因素

电火花成形加工的加工速度是指在一定电规准下，单位时间内工件被蚀除的体积 V 或质量 m。一般常用体积加工速度 $v_w = V/t(\mathrm{mm^3/min})$ 来表示，有时为了测量方便，也用质量加工速度 $v_m = m/t(\mathrm{g/mm})$ 表示。

在规定的表面粗糙度及相对电极损耗下的最大加工速度是电火花加工机床的重要工艺性能指标。一般电火花加工机床说明书上所指的最高加工速度是该机床在最佳状态下所达到的，在实际生产中的正常加工速度大大低于机床的最大加工速度。

1.加工电流对加工速度的影响

一般情况时,在加工面积一定条件下,峰值电流越大,加工速度越高,也就是说电流密度越大,加工速度越高;但有一个极限范围,超过极限,加工稳定性变差,电极和工件之间产生拉弧烧伤,加工速度反而降低。选择电参数时,一般根据加工面积来确定加工电流密度,其经验值为 $2\sim4$ A/cm^2;如果只要求加工速度,其电流密度可选 $6\sim7$ A/cm^2。

2.脉冲宽度对加工速度的影响

当电流一定时,脉冲宽度增加,加工速度随之增加,因为随着脉冲宽度的增加,单个脉冲能量增大,加工速度提高。但若脉冲宽度过大,加工速度反而下降,如图 2.2 所示。这是因为单个脉冲能量虽然增大,但转换的热能有较大部分散失在电极与工件之中,起不到蚀除作用。同时,在其他加工条件相同时,随着脉冲能量过分增大,蚀除产物增多,排气排屑条件恶化,间隙消电离时间不足导致拉弧、加工稳定性变差等,因此加工速度反而降低。

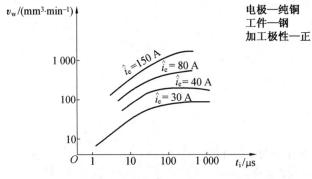

图 2.2　脉冲宽度与加工速度之间关系

3.脉冲间隔对加工速度的影响

在脉冲宽度一定的条件下,若脉冲间隔减小,则加工速度提高,如图 2.3 所示。这是因为脉冲间隔减小导致单位时间内工作脉冲数目增多、加工电流增大,故加工速度提高;但若脉冲间隔过小,会因放电间隙来不及消电离引起加工稳定性变差,导致加工速度降低。

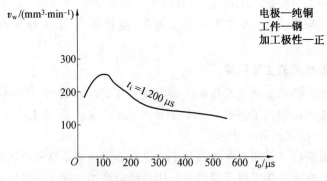

图 2.3　脉冲间隔与加工速度之间关系

在脉冲宽度一定的条件下,为了最大限度地提高加工速度,应在保证稳定加工的同时,尽量缩短脉冲间隔时间。带有脉冲间隔自适应控制的脉冲电源,能够根据放电间隙的状态,在一定范围内调节脉冲间隔的大小,这样既能保证稳定加工,又可以获得较大的加工速度。

4. 加工面积对加工速度的影响

加工面积与加工速度的关系曲线如图 2.4 所示,加工面积较大时,对加工速度没有多大影响,但若加工面积小到某一临界值,加工速度会显著降低,这种现象称为"面积效应"。因为加工面积小,在单位面积上脉冲放电过分集中,致使放电间隙的电蚀产物排除不畅,同时会产生气体排除液体的现象,造成放电加工在气体介质中进行,因而大大降低加工速度。

从图 2.4 可看出,峰值电流不同,最小临界加工面积也不同。因此,确定一个具体加工对象的电参数时,首先必须根据加工面积确定工作电流,并估算所需的峰值电流。

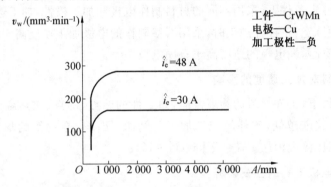

图 2.4　加工面积与加工速度的关系曲线

5. 冲(抽)油对加工速度的影响

在加工中对于工件型腔较浅或易于排屑的型腔,可以不采取任何辅助排屑措施。但对于较难排屑的加工,不冲(抽)油或冲(抽)油压力过小,则因排屑不良产生的二次放电的机会明显增多,从而导致加工速度下降;但若冲(抽)油压力过大,加工速度同样会降低。这是因为冲(抽)油压力过大,产生干扰,使加工稳定性变差,故加工速度反而会降低。如图 2.5 所示,为冲(抽)油压力与加工速度关系曲线。

冲(抽)油的方式与冲(抽)油压力大小应根据实际加工情况来定。若型腔较深或加工面积较大,冲(抽)油压力也要相应增大。

6. 抬刀对加工速度的影响

抬刀有自适应抬刀和定时抬刀。在加工条件不好的情况下,这两种形式的抬刀都有利于排屑,以防止电极和工件拉弧烧伤,实现加工的稳定性。在使用抬刀时,一般和冲(抽)油配合使用。但在定时抬刀状态时,会发生放电间隙状况良好无须抬刀而电极却照样抬起的情况,也会出现当放电间隙的电蚀产物积聚较多,急需抬刀时而抬刀时间未到却不抬刀的情况。为克服定时抬刀的缺点,目前较先进的电火花加工机床均采用了自适应抬刀功能。自适应抬刀是根据放电间隙的状态,决定是否抬刀。

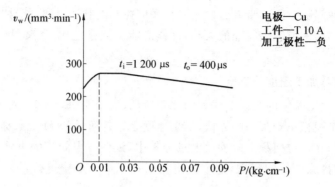

图 2.5　冲(抽)油压力与加工速度关系曲线

7. 电极材料对加工速度的影响

当电参数一定条件下,采用不同的材料制作电极和加工极性,加工速度不尽相同。一般情况下,在中脉宽,正极性加工时,采用石墨制作的电极加工速度高于铜制作的电极;在宽脉宽和窄脉宽时,铜电极的速度高于石墨电极。

8. 工件材料对加工速度的影响

在相同条件下,工件材料的物理性能,如工件的熔点、沸点、比热容、熔化潜热和汽化潜热越大,加工速度越低,工件越难于加工。例如,硬质合金比钢的加工速度低 40% ～ 60%,未淬火钢比淬火钢加工速度下降 6% ～ 10%。

(二)影响电极损耗的主要因素

电极损耗是电火花成形加工的重要工艺指标。电极的损耗速度 v_E 是表示单位时间内工具电极的电蚀量,在实际生产中,衡量电极损耗还要看电极损耗比 θ,即电极损耗速度与加工速度的比值。

$$\theta = \frac{v_E}{v_w} \times 100\%$$

如果电火花加工中,电极的相对损耗比小于 1%,称为低损耗加工,低损耗加工能使工件的表面粗糙度 Ra 达到 3.2 μm 以下。

1. 极性效应对电极损耗的影响

在电火花加工过程中,正极和负极都会受到不同程度的电腐蚀,即使用相同材料作为正极和负极,正、负极的电蚀量也不相同,这种单纯因极性不同而电蚀量不同的现象称为"极性效应",如图 2.6 所示。"正极性"加工为工件电极接脉冲电源的正极;"负极性"加工为工件电极接脉冲电源的负极。

极性效应产生的原因:电火花放电过程中,正、负电极表面分别受到负电子和正离子的轰击和瞬时热源作用,正、负极表面分配到的能量不一样是极性效应的根本原因。

短脉冲工作时,电子的轰击作用大于离子的轰击作用,适合"正极性"加工;长脉冲工作时,质量大的正离子对负极表面的轰击作用强,且与电子结合释放位能,负极蚀除速度大于正极,适合"负极性"加工,如图 2.7 所示。

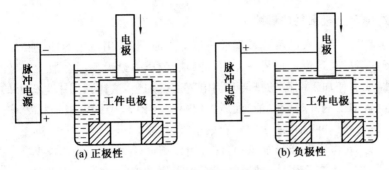

图 2.6　利用极性效应接线图

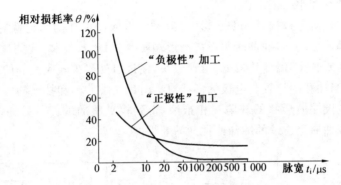

图 2.7　电极相对损耗与脉宽和极性的关系

2.覆盖效应对电极损耗的影响

碳氢化合物作为工作液时,放电产生的高温会使工作液受热分解出碳化物并附着在电极表面,形成能继续放电的保护层,这种现象称为覆盖效应或吸附效应。工具电极上的这层碳化物黑膜在放电加工过程中像切削加工中的积屑瘤那样,总是处于"形成—蚀除"的动态平衡中。它对工具电极起着保护和补偿作用,从而有助于实现"低损耗"加工。由于碳化物黑膜只能在正极表面形成,因此要利用覆盖效应,必须采用负极性加工。

3.脉冲宽度对电极损耗的影响

在正极性加工,峰值电流一定的情况下,随着脉冲宽度的减小,电极损耗增大。精加工时的电极损耗比粗加工时的电极损耗大,所以在宽脉冲时,容易实现电极的低损耗。

4.脉冲间隔对电极损耗的影响

脉冲宽度不变情况下,随着脉冲间隔的增加,电极损耗会加大。主要因为脉冲间隔增加,电极表面温度降低,覆盖效应减小,使电极表面得不到补偿,在小脉冲宽度电流加工时较为明显;反之,如果脉冲间隔减少到超过极限,放电加工来不及消电离,会使加工不稳定,造成拉弧烧伤,在粗加工、大电流时要特别注意。

5.峰值电流对电极损耗的影响

峰值电流大小与电极损耗的关系很大。用铜作为电极加工钢件,在精加工时,在脉冲宽度一定情况下,减少功率管数,降低峰值电流,可以获得较小电极的损耗;对于用石墨作为电极加工钢件时,电流增加,电极损耗反而减小。

6. 冲(抽)油对电极损耗的影响

对形状复杂、深度较大的型孔或型腔进行加工时,若采用适当的冲(抽)油的方法进行排屑,有助于提高加工速度。但另一方面,冲(抽)油压力过大反而会加大电极的损耗。因为强迫冲(抽)油会使加工间隙的排屑和消电离速度加快,这样减弱了电极上的覆盖效应。在用铜作为电极加工钢件时,冲(抽)油压力应小于 5 kPa,否则电极损耗严重。但用石墨作为电极加工钢件时,冲(抽)油压力对石墨电极影响较小。

由上述可知,在电火花成形加工中,应谨慎使用冲(抽)油。加工本身较易进行且具有稳定的电火花加工,不宜采用冲(抽)油;若必须采用冲(抽)油的电火花加工,也应注意冲(抽)油压力维持在较小的范围内。

冲(抽)油方式对电极损耗无明显影响,但对电极端面损耗的均匀性有较大区别。冲油时电极损耗呈凹形端面,抽油时则形成凸形端面,如图 2.8 所示。这主要是因为冲油进口处所含各种杂质较少,温度比较低,流速较快,使进口处覆盖效应减弱的缘故。

实践证明,当油孔的位置与电极的形状对称时用交替冲油和抽油的方法,可使冲油或抽油所造成的电极端面形状的缺陷互相抵消,得到较平整的端面。另外,采用脉动冲油(冲油不连续)或抽油比连续的冲油或抽油的效果好。

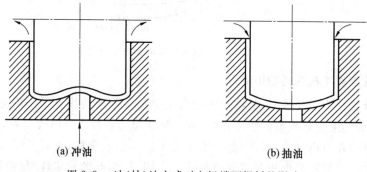

(a) 冲油　　　　　　　　　　　　　　(b) 抽油

图 2.8　冲(抽)油方式对电极端面损耗的影响

7. 电极材料对电极损耗的影响

由于电极材料不同,其熔点、沸点、电导率、热导率等指标不同,因此不同材料的电极损耗也不同,损耗的大致顺序如下:银钨合金＜铜钨合金＜石墨(粗规准)＜紫铜＜钢＜铸铁＜黄铜＜铝。

8. 电极形状对电极损耗的影响

电极材料、电参数和其他工艺条件完全相同的情况下,电极的形状和尺寸对电极损耗影响也很大,如电极的尖角、窄槽、棱边等部位的损耗严重。

(三)影响表面粗糙度的主要因素

表面粗糙度是衡量电火花加工质量的一个重要指标。表面粗糙度是指加工表面的微观几何形状的误差。因为电火花加工是被加工表面放电痕坑穴的聚集,能存润滑油,所以其耐磨性比同样粗糙度的机械加工表面要好,在相同表面粗糙度的情况下,电加工表面比机械加工表面亮度低。

1. 单个脉冲能量的影响

对表面粗糙度 Ra 值影响最大的是单个脉冲能量,单个脉冲能量越大,加工表面越粗糙。

当峰值电流一定时,脉冲宽度越大,单个脉冲的能量就越大,放电腐蚀的凹坑也越大、越深,所以表面粗糙度就越差。

在脉冲宽度一定的条件下,随着峰值电流的增加,单个脉冲能量也增加,表面粗糙度就会变差。

2. 工件材料对表面粗糙度的影响

熔点高的材料(如硬质合金),在相同能量下加工出的表面粗糙度 Ra 值要小于熔点低的材料(如钢)。

3. 放电加工时仿形作用的影响

工具电极的表面粗糙度也直接影响被加工表面的表面粗糙度。电火花加工仿形时,则需电极表面要光滑平整。

(四)影响加工精度的主要因素

目前电火花成形加工的平均尺寸精度为 0.05 mm,最高精度可达 0.005 mm,如果排除机床的制造误差、工件和工具电极的定位及安装误差,影响加工精度的主要因素有放电间隙的大小和一致性、工具电极的损耗以及加工过程中的"二次放电"等因素。

1. 放电间隙的影响

电火花加工时,如果放电间隙能保持不变,就可以获得较高的加工精度。为了减少加工误差,往往采用较小的放电参数,以提高仿形精度。

2. 工具电极损耗的影响

在电火花加工中,随着加工深度的不断增加,工具电极进入放电区域的时间是从端部向上逐渐减少,从而形成损耗锥度,如图 2.9 所示。

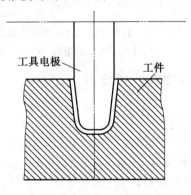

图 2.9　工具电极损耗锥度

工具电极的损耗既影响尺寸精度,又影响形状精度。往往粗、精加工分开进行。精加工时除了采用较小的电参数外,还采用更换新的工具电极或采用平动方法来提高加工精度。

3.二次放电的影响

"二次放电"是指已加工表面由于电蚀产物等未及时排除而产生的非正常放电。由于二次放电,在工件的加工深度方向会产生斜度并容易使待加工的棱角、棱边产生圆角,如图 2.10 所示。

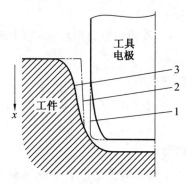

图 2.10　电火花加工时的加工斜度

1—电极无损耗时的工具轮廓线;2—电极有损耗而不考

虑二次放电时的工件轮廓线;3—实际工件轮廓线

4.尖角与棱边倒角对加工精度的影响

工具的尖角或凹角很难精确地复制在工件上,如图 2.11 所示。

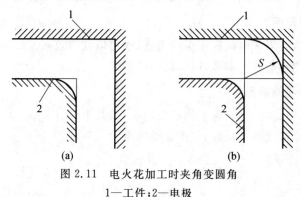

图 2.11　电火花加工时夹角变圆角

1—工件;2—电极

二、电火花成形加工电规准选择技巧

(一)粗加工

粗加工的工艺目的是在保证低损耗的情况下,实现较高的加工速度。应采用较长的脉冲放电时间和较大的脉冲放电电流,进行负极性加工。在采用紫铜电极材料时,脉冲宽度一般大于 600 μs;采用石墨电极材料时,脉冲宽度一般大于 300 μs。根据零件的尺寸、形状要求,可以较大幅度地选择脉冲放电电流。加工电流要在十几安培至几十安培。

粗加工时具有放电间隙大、排屑条件好、加工稳定的特点,这样有利于使用较小的脉冲间隔,以进一步减小电极损耗。在采用紫铜电极时,脉冲宽度与脉冲间隔比可以达到10:1;采用石墨电极材料时,脉冲宽度与脉冲间隔比一般大于 3:1。对于大面积加工,并且排屑条件不好的情形，应打若干个排气孔，作为辅助排气排屑措施。

(二)中加工

电火花型腔加工的中加工阶段，是为粗加工到精加工的过渡。这一阶段一定要逐步减小粗加工造成的粗糙的工件表面。由于工件形状千变万化，中加工使用的规准也多种多样。同一规准在小型腔加工时可能作为粗加工规准，在大型腔加工时却作为中加工规准，所以很难给出中加工的工艺规范。

对于中加工规准，一般的要求如下。

1. 脉冲宽度

对于紫铜电极，其脉冲宽度应从 $400~\mu s$ 到 $30~\mu s$ 逐步减小。

2. 脉冲间隔

脉冲间隔要随着脉冲宽度的减小而减小，但当脉冲宽度小于 $200~\mu s$ 时，脉冲宽度与脉冲间隔比应适当增大。

3. 脉冲电流

脉冲宽度和脉冲电流都直接影响工件的表面粗糙度，所以加工电流的选择应与脉冲宽度选择配合进行。但是，当脉冲宽度减小到一定值时，由于加工能量的减小，放电间隙也随之减小，排屑条件逐步恶劣，脉冲电流应保持在一定数值，以保证加工的稳定进行。这是与加工的面积及形状密切相关的，实际加工时应特别注意。

由于实际加工的面积、形状、排屑条件各种各样，中加工的工艺规准很难一概而论。所以，中加工阶段要做到勤换规准、勤调整，为工件的精加工打下良好的基础。

(三)精加工

精加工是整个工件加工的最终阶段，它将实现加工的最终尺寸和表面粗糙度。精加工的特点为去除量很小，一般不超过 $0.1~mm$；脉冲宽度小，一般为几到十几微秒；脉冲电流较小，小于 $10~A$，小面积时要小于 $1~A$；脉冲间隔大，在脉宽 $10~\mu s$ 以下时，脉宽与间隔比值为 $1:0.5$ 到 $1:5$。因为加工能量较小，所以精加工要力求加工的稳定性，避免积炭，由于加工余量很小，可以忽视电极损耗。

三、电火花成形加工机床 CTE300ZK 电参数的选择(表 2.1)

表 2.1　CTE300ZK 电参数的选择

加工形式	铜—钢	石墨—钢
粗加工	加工参数组号为 20～29 共 10 组，面积从小到大对应组号从小到大	加工参数组号为 40～49 共 10 组，面积从小到大对应组号从小到大
中加工	加工参数组号为 10～19 共 10 组，面积从小到大对应组号从小到大	加工参数组号为 30～39 共 10 组，面积从小到大对应组号从小到大
精加工	加工参数组号在 00～09 号范围内选择	加工参数组号在 00～09 号范围内选择，对于石墨—钢最终规准脉宽应大于 $20~\mu s$，加工电流应大于 2～3 A

四、电火花加工常用的方法

1.单工具电极直接成形法(图 2.12)

单电极平动法加工时,工具电极只需一次装夹定位,避免了因反复装夹带来的定位误差。但对于棱角要求高的型腔,加工精度就难以保证。

如果加工中使用的是数控电火花机床,则不需要平动头,可利用工作台按照一定轨迹做微量移动来修光侧面。

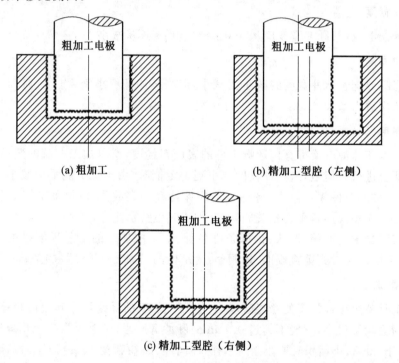

(a) 粗加工　　　　　　　　　(b) 精加工型腔（左侧）

(c) 精加工型腔（右侧）

图 2.12　单工具电极直接成形法

2.多电极更换法(图 2.13)

多电极更换法是指根据一个型腔在粗、中、精加工中放电间隙各不相同的特点,采用几个不同尺寸的工具电极完成一个型腔的粗、中、精加工。在加工时首先用粗加工电极蚀除大量金属,然后更换电极进行中、精加工;对于加工精度高的型腔,往往需要较多的电极来精修型腔。

3.分解电极加工法(图 2.14)

分解电极加工法是根据型腔的几何形状,把电极分解成主型腔电极和副型腔电极,分别制造。先用主型腔电极加工出主型腔,后用副型腔电极加工尖角、窄缝等部位的副型腔。此方法的优点是能根据主、副型腔不同的加工条件,选择不同的加工规准,有利于提高加工速度和改善加工表面质量,同时还可简化电极制造,便于电极修整。缺点是主型腔和副型腔间的精确定位较难解决。

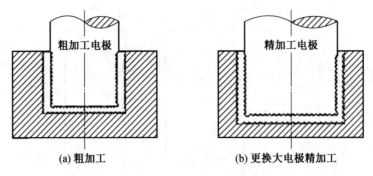

（a）粗加工　　　　　　　　　　　（b）更换大电极精加工

图 2.13　多电极更换法

　　近年来,国内外广泛应用具有电极库的数控电火花加工机床,事先将复杂型腔面分解为若干个简单型腔和相应的电极,编制好程序,在加工过程中自动更换电极和加工规准,实现复杂型腔的加工。

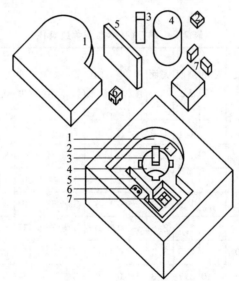

图 2.14　分解电极加工法

思考与练习

　　1.说明本任务电极如何定位?

　　2.本任务中为了达到较好的表面质量,如何选择加工条件?

　　3.仔细观察电极的颜色,分析产生的原因。

　　4.本任务中,采用不同的加工条件,火花放电的状态如何? 电流表指针状态如何?

　　5.总结非电参数对电火花加工速度和电极损耗的影响。

　　6.如图 2.15 所示零件,若采用标准型参数表(表 2.2)(兼顾加工效率和电极损耗),请问加工条件如何选择?

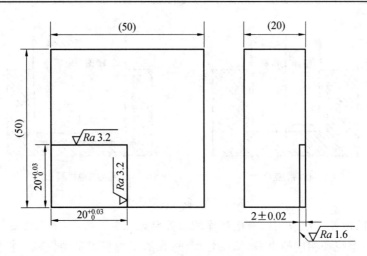

图 2.15　电火花加工零件图

表 2.2　铜打钢(标准型参数表)

条件号	面积/cm²	安全间隙/mm	放电间隙/mm	加工速度/(mm³·min⁻¹)	损耗/%	侧面Ra	底面Ra	极性	电容	高压管数	管数	脉冲间隙	脉冲宽度	模式	损耗类型	伺服基准	伺服速度	极限值 脉冲间隙	极限值 伺服基准
121		0.045	0.040			1.1	1.2	+	0	0	2	4	8	8	0	80	8		
123		0.070	0.045			1.3	1.4	+	0	0	3	4	8	8	0	80	8		
124		0.10	0.050			1.6	1.6	+	0	0	4	6	10	8	0	80	8		
125		0.12	0.055			1.9	1.9	+	0	0	5	6	10	8	0	75	8		
126		0.14	0.060			2.0	2.6	+	0	0	6	7	11	8	0	75	10		
127		0.22	0.11	4.0		2.8	3.5	+	0	0	7	8	12	8	0	75	10		
128	1	0.28	0.165	12.0	0.40	3.7	5.8	+	0	0	8	11	15	8	0	75	10	5	52
129	2	0.38	0.22	17.0	0.25	4.4	7.4	+	0	0	9	13	17	8	0	75	12	6	52
130	3	0.46	0.24	26.0	0.25	5.8	9.8	+	0	0	10	13	18	8	0	70	12	6	50
131	4	0.61	0.31	46.0	0.25	7.0	10.2	+	0	0	11	13	18	8	0	70	12	5	48
132	6	0.72	0.36	77.0	0.25	8.2	12	+	0	0	12	14	19	8	0	65	15	5	48
133	8	1.00	0.53	126.0	0.15	12.2	15.2	+	0	0	13	14	22	8	0	65	15	5	45

实操评量表

学生姓名：_____ 学号：_____ 班级：_____

序号	考核项目	项目	子项目	个人评价	组内互评	教师评价
1	知识目标达成度	电火花加工基础知识 20%	搜集信息 5%			
			信息学习 8%			
			引导问题回答 7%			
2	能力目标达成度	任务实施、检查 60%	电极设计 10%			
			工件装夹、校正 15%			
			电极装夹、校正 15%			
			电参数的选择 10%			
			加工质量 10%			
3	职业素养达成度	团结协作 10%	配合很好 5%			
			服从组长安排 3%			
			积极主动 2%			
		敬业精神 10%	学习纪律 10%			

评语

学习项目二 电火花线切割加工

任务三 五角星凹模的线切割加工

实操任务单

任务引入：日常生活中有很多形状复杂的装饰品图案，如图 3.1 所示的鹰、奔马、人物头像等。这些图案的特点是，零件厚度薄、尺寸精度一般、边缘轮廓表面粗糙度较好，如何在一块金属板上加工出这些图案呢？采用电火花线切割机床切割是加工该类图案的最佳方法之一。下面以加工五角星凹模（图3.2）为例，介绍线切割加工的基本过程及原理。

图 3.1 装饰品图案

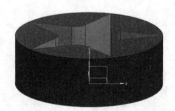

图 3.2 五角星凹模

续表

教学目标	**知识目标：** 1.电火花线切割加工的基本原理 2.电火花线切割加工设备组成以及机床的保养 3.电火花线切割加工的安全技术规程 **能力目标：** 1.学会工件的装夹与校正 2.学会电极丝上丝、穿丝及校正 **素质目标：** 养成安全操作习惯，具有良好的职业道德
使用器材	电火花线切割加工机床，钼丝，工件，游标卡尺等

实操步骤及要求：

一、任务分析

1.电火花成形加工和电火花线切割加工的异同

2.电火花线切割加工机床的组成

3.电火花线切割加工的安全技术规程

二、任务计划

1.制订工件的安装、校正方案

2.制订电极丝垂直度校正方案

三、任务准备

1.电极丝准备

2.工件准备

3.电火花线切割加工机床安全操作规程的学习

四、任务实施

1.工件的装夹

2.穿电极丝

3.教师调出事先准备好的程序

4.在教师指导下进行加工

5.比较各组加工质量及加工精度

五、任务思考

1.电极丝上丝时要注意的事项有哪些

2.加工中电极丝断丝的原因有哪些

知 识 链 接

一、电火花线切割加工原理

(一)电火花线切割加工的原理

电火花线切割加工原理与电火花成形加工原理相同,它是利用移动的工具电极(电极丝)和工件电极之间的脉冲放电产生的热能对工件进行切割加工的,如图3.3所示。电火花线切割加工时,绕在储丝筒上的电极丝沿储丝筒的旋转方向以一定速度移动,工件装夹在工作台上,工作台按照预先编制的程序相对于电极丝运动。脉冲电源的正极和电极丝相连,负极和工件相连,工件和电极丝要保持一定的放电间隙,且在间隙处喷洒工作液。

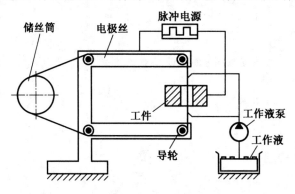

图 3.3　电火花线切割加工原理

(二)电火花成形加工与电火花线切割加工的异同

1. 两者的共同点

(1)电火花线切割加工的电压、电流波形与电火花成形加工的基本相似。单个脉冲也有多种形式的放电状态,如开路、正常火花放电、短路等。

(2)电火花线切割加工的加工原理、生产率、表面粗糙度等工艺规律,材料的可加工性等也都与电火花成形加工基本相似,可以加工硬质合金等一切导电材料。

2. 两者的不同点

(1)电火花线切割加工是以金属丝作为工具电极,不需要制造特定形状的工具电极。

(2)电火花线切割加工轮廓所需加工的余量少,能有效地节约材料。

(3)电火花线切割加工可忽略电极丝损耗,加工精度高。

(4)电火花线切割加工只能加工通孔。由于电极丝比较细,可以加工微细的异形孔、窄缝等。

(5)依靠计算机对电极丝轨迹的控制,可方便地调整凸凹模具的配合间隙;依靠锥度切割功能,可实现凸凹模一次加工成形。

二、电火花线切割加工机床

(一)电火花线切割加工机床的分类

电火花线切割加工机床可按多种方法进行分类,通常按电极丝的走丝速度分为快速走丝线切割加工机床(WEDM-HS)与慢速走丝线切割加工机床(WEDM-LS)。

1.快速走丝线切割加工机床

快速走丝(有时简称快走丝)线切割加工机床的电极丝做高速往复运动,一般走丝速度为8~10 m/s,是我国独创的电火花线切割加工模式。电极丝能够双向往返运行,重复使用,直至断丝为止。电极丝常用直径为0.10~0.30 mm的钼丝(有时也用钨丝或钨钼丝)。对小圆角或窄缝切割,也可采用直径为0.6 mm的钼丝。

快速走丝线切割加工机床结构简单、价格便宜、生产率高,但由于运行速度快,工作时机床震动较大。钼丝和导轮的损耗快,其加工精度一般为0.01~0.02 mm,表面粗糙度Ra为1.25~2.5 μm。

2.慢速走丝线切割加工机床

慢速走丝(有时简称慢走丝)线切割加工机床走丝速度低于0.2 m/s,常用黄铜丝(有时也采用紫铜、钨、钼和各种合金的涂覆线)作为电极丝,黄铜丝直径通常为0.10~0.35 mm。电极丝不重复使用,避免了因电极丝的损耗而降低加工精度。同时由于走丝速度慢,机床及电极丝的震动小,因此加工过程平稳,加工精度高,可达0.005 mm,表面粗糙度Ra不大于0.32 μm。

注意:随着线切割加工机床的应用越来越广泛,我国研制了中速走丝线切割加工机床,中速走丝线切割加工机床是快速走丝线切割加工机床的升级产品,工作原理与快速走丝线切割加工机床相同。由于它能进行多次切割,所以也被称为"能多次切割的快走丝",其走丝速度为1~12 m/s,可以根据需要进行调节。它的加工速度接近于快走丝,而加工的质量趋于慢走丝。

(二)电火花线切割加工机床的型号

目前国内使用的电火花线切割加工机床分国内企业生产机床和国外企业生产的机床。国外企业机床的编号一般以系列代码加基本参数代号来编制,如日本沙迪克的A系列,即AQ系列、AP系列等。我国电火花线切割加工机床根据GB/T 15375—2008进行编制的,如数控电火花线切割加工机床DK7725的基本含义为:

D——机床的类别代号,表示是电加工机床;

K——机床的特性代号,表示是数控机床;

7——第一个7为组代号,表示是电火花加工机床;

7——第二个7为系代号(快速走丝线切割加工机床为7,慢速走丝线切割加工机床为6,电火花成形加工机床为1);

25——基本参数代号,表示工作台横向行程为250 mm。

(三)快速走丝线切割加工机床的组成

由于科学技术的发展,目前在生产中使用的快速走丝线切割加工机床几乎全部采用数字程序控制,这类机床主要由机床本体、脉冲电源、数控系统和工作液循环系统组成。

1.机床本体

机床本体主要由床身、工作台、运丝机构和丝架等组成,如图3.4所示。

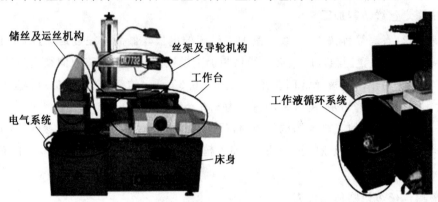

图 3.4 快速走丝线切割加工机床的组成

(1)机床床身。

机床床身是支承和固定工作台、运丝机构等的基体。因此,要求床身应有一定的刚度和强度,一般采用箱体式结构。床身里面安装有机床电气系统、工作液循环系统等元器件。

(2)工作台。

目前在电火花线切割加工机床上采用坐标工作台,坐标工作台有两个运动方向,即两个坐标轴,如图3.5所示。以人站在线切割加工机床前面观察机床,左右方向为 X 轴,左负右正;前后方向为 Y 轴,前负后正。

①拖板。手动操作时,可以摇动手轮来控制拖板前后、左右来回移动,如图3.5所示。自动加工时由计算机通过控制柜使拖板自动来回移动,实现定位或加工出符合要求的工件。

②手轮。手轮是用于手动操作时使用的,它与拖板的丝杠相连接。手轮配有精密的刻度盘,用来读取拖板移动的距离,如图3.6所示。手动操作时,拖板移动的距离,可以利用拖板上的标尺和手轮上的刻度盘来读取。标尺上的一小格是 1 mm,手轮上的一小格是 0.01 mm(即 1 丝),刻度盘转一圈是 4 mm(即 400 丝)。

③工作台面。工作台面是装夹工件进行加工的地方。工作台前后有经过绝缘块支撑的工件夹具支架,支架通过电线与脉冲电源正极相连。工件安装在支架上后,工件成为脉冲电源正极,加工时就可以与电极丝(电极丝接脉冲电源负极)产生放电。工作台面上设有工作液回流沟槽,沟槽里有排液孔,如图3.7所示。

(3)运丝机构及丝架。

在快速走丝线切割加工时,电极丝需要不断地往复运动,这个运动是由运丝机构来完

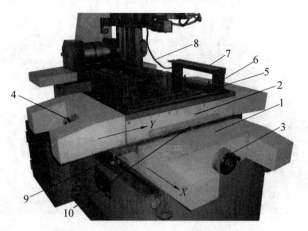

图 3.5　快速走丝线切割加工机床工作台

1—X 轴拖板；2—Y 轴拖板；3—X 轴手轮；4—Y 轴手轮；5—工作台面；6—绝缘块；
7—工件夹具支架；8—工件电极线；9—X 轴标尺；10—Y 轴标尺

图 3.6　手轮

图 3.7　工作台面

成的。最常见的运丝机构是单滚筒式，如图 3.8 所示。

　　①储丝筒。电极丝绕在储丝筒上，并由储丝筒做周期性的正反旋转使电极丝高速往返运动，储丝筒是通过联轴器与运丝电机相连。为了往复使用电极丝，电机采用正反转的

图 3.8　运丝机构

1—上丝架;2—下丝架;3—立柱;4—上导轮组件;5—下导轮组件;6—上副导轮;

7—下副导轮;8—电极丝;9—工作液管;10—电极丝的电极引线;11—导电块;

12—储丝筒;13—电极丝拖板(U、V 轴)

直流电机,储丝筒轴向往复运动的换向及行程长短由运丝行程控制器来检测控制,如图 3.9 所示。在走丝拖板上装有一对行程限位挡块,并在机座上装有行程开关1、2、3。

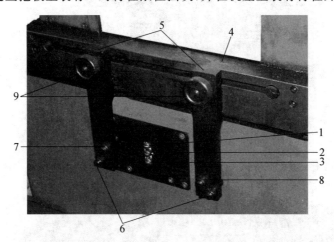

图 3.9　储丝筒行程控制

1,2,3—行程开关;4—走丝拖板;5—行程限位挡块;6—超程撞钉;

7,8—换向行程撞钉;9—锁紧螺钉

当走丝拖板 4 向右移动时,换向行程撞钉 7 逐渐靠拢行程开关 1,压下行程开关 1,储丝筒开关打开;如电机反转,丝筒也反转,走丝拖板 4 开始往左移动,换向行程撞钉 8 向行程开关 2 靠拢,行程开关 2 被压下时,电机改变旋转方向,储丝筒跟着换向,走丝拖板 4 往右移动,如此循环往复。

两个行程限位挡块 5 的位置和距离是根据储丝筒上的电极丝的位置和多少来调节的。调节时先松开锁紧螺钉 9,移动行程限位挡块 5 到适当位置,再旋紧锁紧螺钉 9。

②丝架。丝架的主要作用是在电极丝快速移动时对电极丝起支撑作用,依靠上、下导

轮组件保持电极丝与工作台的垂直或倾斜一定的几何角度（锥度切割时），通过上、下丝架上的导电块来导电。锥度切割时，下丝架往往固定不动，而上丝架允许沿 X 轴、Y 轴移动一定距离。最常见的方法是在上丝架上通过上导电块加两个小步进电机，使上丝架上的导轮组件做微量坐标移动（又称 U、V 轴移动），其运动轨迹由计算机控制，如图 3.10 所示。为获得良好的工艺效果，上、下丝架之间的距离宜尽可能小。

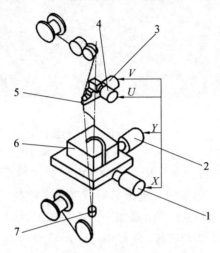

图 3.10　四轴联动锥度切割装置
1—X 轴驱动电机；2—Y 轴驱动电机；3—V 轴驱动电机；
4—U 轴驱动电机；5—上导电器；6—工件；7—下导电器

2. 脉冲电源

电火花线切割加工所用的脉冲电源又称高频电源，是火花放电的重要设备。脉冲电源的性能对线切割加工机床的加工效率、加工精度、表面粗糙度都有较大的影响。图 3.11 所示为某型号快速走丝线切割加工机床的脉冲电源控制面板。

脉冲电源空载电压选择钮有四挡可调；脉冲电源输出电压表在工作时一般在 90 V 左右；脉冲电源输出电流开关共 8 个，开得越多驱动电流就越大；脉冲电源输出电流表在加工时一般不超过 5 A；定中心与加工选择在选"定中心"时，由计算机控制坐标拖板移动，自动对边或对中心；加工时，应打到"加工"位置；高频开关在加工时，打开高频，才能产生电火花；脉宽值调节的 8 个按钮分两组，各 4 个，其读数方法按照前 4 个按钮按下的值相加，再与后面按下的 1 个按钮的值相乘；脉间值调节的按钮共 4 个，其读数方法按照按下的按钮对应值相加。

3. 数控系统

数控系统在电火花线切割加工中起着重要作用，具体表现在两个方面：

（1）轨迹控制作用。电火花线切割加工能精确地控制电极丝相对于工件的运动轨迹，使零件获得所需的形状和尺寸。

（2）加工控制。电火花线切割加工能根据放电间隙大小与放电状态控制进给速度，使之与工件材料的蚀除速度相平衡，保持正常的稳定切割加工。

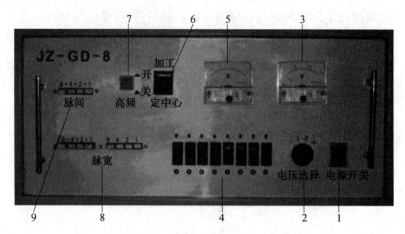

图 3.11　脉冲电源控制面板

1—电源开关；2—空载电压选择钮；3—输出电压表；4—输出电流开关；5—输出电流表；
6—定中心与加工选择；7—高频开关；8—脉宽值调节；9—脉间值调节

目前绝大部分电火花线切割加工机床采用数字程序控制，并且普遍采用绘图式编程技术，操作者首先在计算机屏幕上画出要加工的零件图形，线切割加工专用软件（如 YH 软件、北航海尔的 CAXA 线切割软件）会自动将图形转化为 ISO 代码或 3B 代码等线切割加工程序。

4.工作液循环系统

工作液循环系统与过滤装置是电火花线切割加工机床不可缺少的一部分，如图 3.12 所示。工作液循环系统的作用是及时地从加工区域中排除电蚀产物，并连续充分供给清洁的工作液，以保证脉冲放电过程稳定而顺利地进行。目前绝大部分快速走丝线切割机床的工作液是专用乳化液。乳化液种类繁多，操作者可根据相关资料来正确选用。

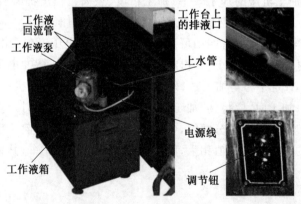

图 3.12　工作液循环系统

（四）慢速走丝线切割加工机床的组成

同快速走丝线切割加工机床一样，慢速走丝线切割加工机床也是由机床本体、脉冲电源、数控系统等部分组成的，如图 3.13 所示。

慢速走丝电火花线切割加工机床的数控装置 9 与工作台 7 组成闭环控制，提高了加

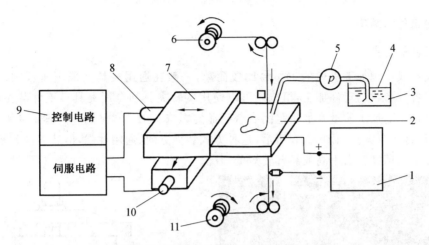

图 3.13　慢速走丝线切割加工机床的组成

1—脉冲电源；2—工件；3—工作液箱；4—去离子水；5—泵；6—新丝放丝卷筒；
7—工作台；8—X 轴电极；9—数控装置；10—Y 轴电机；11—废丝卷筒

工精度。为了保证工作液的电阻率和加工区的热稳定，适应高精度加工的需要，去离子水
4 配备有一套过滤、空冷和离子交换系统。从图 3.13 中可以看出，与快速走丝电火花线
切割加工机床相比主要的区别还是走丝系统，慢速走丝电火花线切割加工机床的电极丝
是单向运行，由新丝放丝卷筒 6 放丝，由废丝卷筒 11 收丝。

　　慢速走丝线切割加工机床的电极丝在加工中是单方向运动（即电极丝是一次性使用）
的。在走丝过程中，电极丝由储丝筒出丝，由电极丝输送轮收丝。慢速走丝系统一般由以
下几部分组成：储丝筒、导丝机构、导向器、张紧轮、压紧轮、圆柱滚轮、断丝检测器、电极丝
输送轮、其他辅助件（如毛毡、毛刷）等，如图 3.14 所示。

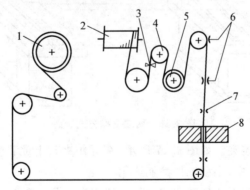

图 3.14　慢速走丝系统示意图

1—废丝卷筒；2—未使用的金属丝；3—拉丝模；4—张力电机；5—电极丝张力调节轴；
6—退火装置；7—导向器；8—工件

三、电火花线切割加工实施准备

　　电火花线切割加工实施准备主要包括：工件的准备、电极丝的准备和加工参数的选
择等。

(一)工件的准备

1.工件的装夹

电火花线切割加工机床的工作台比较简单,一般在通用夹具上采用压板固定工件。为了适应各种形状的工件加工,机床还可以使用旋转夹具和专用夹具。工件装夹的形式与精度对机床的加工质量及加工范围有着明显的影响。工件常见的装夹方式如下。

(1)悬臂式装夹。如图 3.15 所示,这种方式装夹方便、通用性强,但装夹误差较大,仅用于工件加工精度要求不高或悬臂较短的情况。

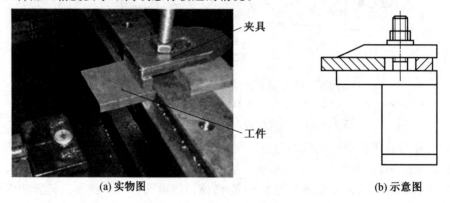

(a) 实物图　　　　　　　　　　　(b) 示意图

图 3.15　悬臂式装夹

(2)两端支撑方式装夹。如图 3.16 所示,这种方式装夹方便、稳定、定位精度高,但不适于装夹较小的零件。

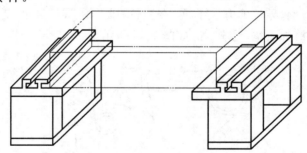

图 3.16　两端支撑方式装夹

(3)桥式支撑方式装夹。如图 3.17 所示,在通用夹具上放置垫铁后再装夹工件。这种方式装夹方便,对大、中、小型工件都能适用。

(4)板式支撑方式装夹。如图 3.18 所示,使用有通孔的支承板装夹工件,这种方式装夹精度高。

(5)V 形夹具支撑方式装夹。如图 3.19 所示,此种装夹方式适合于圆形工件的装夹。装夹时,工件母线要求与端面垂直。在切割薄壁零件时,要注意装夹力要小,以防止工件变形。

2.工件的校正

工件安装到机床工作台上后,还应对工件进行平行度校正。根据实际需要,平行度校正可在水平、左右、前后三个方向进行。一般为工件的侧面与机床运动的坐标轴平行。工

(a)实物图

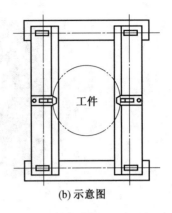
(b)示意图

图 3.17 桥式支撑方式装夹

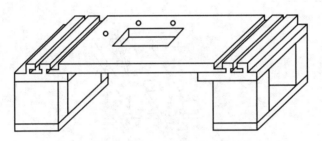

图 3.18 板式支撑方式装夹

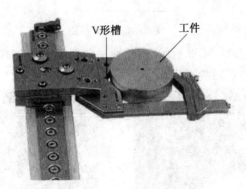

图 3.19 V形夹具支撑方式装夹

件位置校正的方法有以下几种：

(1)百分表校正。

如图 3.20 所示,用磁力表架将百分表固定在丝架或其他位置上,百分表的测头与工件基准面接触,往复移动工作台,按百分表的指示值调整工件的位置,直至百分表指针的偏摆范围达到要求的数值,校正应在相互垂直的三个方向进行。

＊百分表校正

(2)划线校正。如图 3.21 所示,利用固定在丝架上的划针对准工件上的基准线或基准面,往复移动工作台,根据目测调整工件的位置,直至划针的运动轨

图 3.20　百分表校正

迹同工件上的基准线或基准面完全吻合。该法用于精度要求不高的工件,也可以在工件较为粗糙的表面上进行。

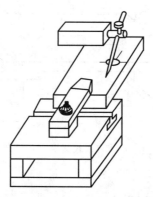

图 3.21　划线校正

(3)靠定法校正。如图 3.22 所示,利用通用或专用夹具上的定位基准面,将夹具的位置校正就可保证工件的正确加工位置。

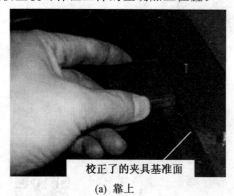

校正了的夹具基准面

(a) 靠上

(b) 固定

图 3.22　靠定法校正

(4)电极丝校正。在要求不高时,可利用电极丝进行工件校正。将电极丝靠近工件,然后移动一个拖板,观察电极丝与工件端面的距离,如果距离发生了变化,说明工件不正,需要调整;如果距离保持不变,说明这个面与移动的方向已平行,如图 3.23 所示。

图 3.23 电极丝校正

(5)量块校正。用一个具有确定角度的量块,靠在工件和夹具上,观察量块与工件和夹具的接触缝,这种检测工件是否校正的方法称为量块法。根据实际需要,量块的测量角可以是直角(90°),也可以是其他角度。使用这种方法前,必须保证夹具是校正了的,如图3.24所示。

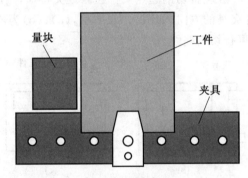

图 3.24 量块校正

3.工件穿丝孔的确定

(1)穿丝孔的作用。在电火花线切割加工中,穿丝孔的主要作用有:

①对于切割凹模或带孔的工件,必须先有一个孔用来将电极丝穿进去,然后才能进行加工。

②减小凹模或工件在线切割加工中的变形。由于在线切割加工中工件内部产生应力,而使工件产生变形,影响加工精度,严重时切缝甚至会夹住、拉断电极丝。

(2)穿丝孔位置的确定。穿丝孔是电极丝相对工件运动的起点,同时也是程序执行的起点,一般选在工件上的基准点处。为缩短开始切割时的切入长度,在凹模加工时,穿丝孔也可选在距离形孔边缘2～5 mm处,如图3.25(a)所示;加工凸模时,为减小变形,电极丝切割时的运动轨迹与边缘的距离应大于5 mm,如图3.25(b)所示。

(3)穿丝孔的尺寸。穿丝孔大小要适宜。如果穿丝孔孔径太小,不但钻孔难度增加,而且也不便于穿丝。相反,若穿丝孔孔径太大,则会增加钳工工艺的难度。穿丝孔常用直径为3～10 mm。

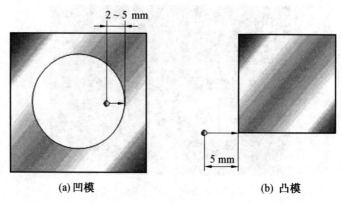

图 3.25　穿丝孔的位置

4.工件切割路线的确定

为了防止内应力变形影响加工质量,应选择合理的加工路线。

(1)凸模切割路线。一般应将切割起点安排在靠近夹持端,然后转向远离夹具的方向进行加工,最后转向零件夹具的方向,如图 3.26 所示,(a)、(b)为不合理切割路线,(c)为最合理切割路线,(d)为可行切割路线。

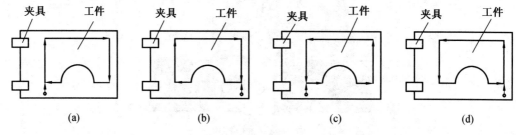

图 3.26　凸模切割路线的选择

(2)凹模切割路线。由于加工凹模时,是采用穿丝孔作为起割位置,能保证坯件的完整性,刚性好,工件不易变形,因此,对切割路线没有严格要求,但是对加工起始点和穿丝孔的位置有要求。

(3)加工起始点。加工起始点应选择平坦、容易加工、拐角处或对工件性能影响不大以及精度要求不高、容易修整的表面处。

(二)电极丝的准备

慢速走丝线切割加工机床的穿丝较简单,本书以快速走丝线切割加工机床为例讨论电极丝的上丝、穿丝、紧丝、校正及定位。

1.电极丝上丝

(1)操作前,按下急停按钮,防止意外。

(2)将丝盘套在上丝螺杆上,并用螺母锁紧,如图 3.27 所示。

(a) 丝盘

丝盘

(b) 安装丝盘

图 3.27　装上丝盘

(3)用摇柄将储丝筒摇向一端直至接近极限位置,如图 3.28 所示。

储丝筒一端
与导轮对齐

图 3.28　将储丝筒摇向一端

(4)将丝盘上电极丝一端拉出绕过上丝导轮,并将丝头固定在储丝筒端部紧固螺钉上,剪掉多余丝头,如图 3.29 所示。

图 3.29　上好丝头

(5)用摇柄匀速转动储丝筒,将电极丝整齐地绕在储丝筒上,直到绕满,取下摇柄,如图 3.30 所示。

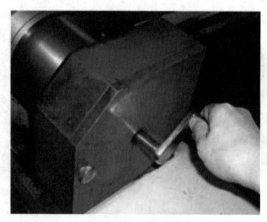

图 3.30　手动绕丝

（6）电极丝绕满后，剪断丝盘与储丝筒之间的电极丝，把丝头固定在储丝筒另一端，如图 3.31 和图 3.32 所示。

图 3.31　将丝头固定在储丝筒上

图 3.32　上好丝的储丝筒

（7）粗调储丝筒左右行程挡块，使两个挡块间距小于储丝筒上的丝距。

2. 电极丝穿丝

（1）拉动电极丝头，按照操作说明书说明依次绕接各导轮、导电块至储丝筒，如图3.33所示。在操作中要注意手的力度，防止电极丝打折。

（2）穿丝开始时，首先要保证储丝筒上的电极丝与辅助导轮、张紧导轮、主导轮在同一个平面上，否则在运丝过程中，储丝筒上的电极丝会重叠，从而导致断丝。

（3）穿丝中要注意控制左右行程杆，使储丝筒左右往返换向时，储丝筒左右两端留有3～5 mm 的余量。

（4）穿丝注意事项。

①要将电极丝装入导轮的槽内，并与导电块接触良好，并防止电极丝滑入导轮或导电块旁边的缝隙里。

②操作过程中，要沿绕丝方向拉紧电极丝，避免电极丝松脱造成乱丝。

③摇柄使用后必须立即取下，以免误操作使摇柄甩出，造成人身伤害或设备损坏。

3. 电极丝紧丝

（1）开启自动走丝，储丝筒自动往返运行。

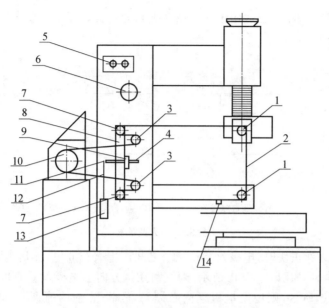

图 3.33　穿丝示意图

1—主导轮；2—电极丝；3—辅助导轮；4—直线导轨；5—工作液旋钮；6—上丝盘；7—张紧导轮；

8—移动板；9—导轨滑块；10—储丝筒；11—定滑轮；12—绳索；13—重锤；14—导电块

（2）待储丝筒上的丝走到左边，刚好反转时，手持紧丝轮靠在电极丝上，加适当的张力，如图 3.34 所示。

（3）在自动走丝的过程中，如果电极丝不紧，丝就会被拉长。待储丝筒上的丝从一端走到另一端，刚好转向时，立即按下停止钮，停止走丝。

（4）反复几次，直到电极丝运行平稳，松紧适度。

图 3.34　紧丝

4.电极丝校正

加工前必须校正电极丝垂直度，电极丝垂直度校正的常见方法有火花法和校正器法。

（1）火花法。如图 3.35 所示，从 X、Y 两个方向分别移动工作台，使电极丝逐渐逼近工件的基准面，若出现的火花上下均匀，则说明电

＊火花法

极丝的位置已调整好,此方法适用于加工精度不高的场合。当精度要求较高时,使用专门的对丝仪,操作方法相同。

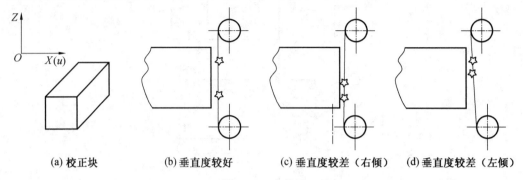

(a) 校正块　　　　(b) 垂直度较好　　　(c) 垂直度较差(右倾)　　(d) 垂直度较差(左倾)

图 3.35　火花法

当电极丝快碰到正块时,电极丝与校正块之间产生火花放电,然后肉眼观察产生的火花:若火花上下均匀,如图 3.35(b)所示,则表明在该方向上电极丝垂直度良好;若下面火花多,如图 3.35(c)所示,则说明电极丝向右倾斜,故将 U 轴的值调小,直至火花上下均匀;若上面火花多,如图 3.35(d)所示,则说明电极丝向左倾斜,故将 U 轴的值调大,直至火花上下均匀。同理,调节 V 轴的值,使电极丝在 V 轴垂直度良好。

用火花法校正电极丝的垂直度时,需要注意以下几点:

①校正块使用一次后,其表面会留下细小的放电痕迹。下次校正时,要重新换位置,不可用有放电痕迹的位置二次校正电极丝的垂直度。

②在精密零件加工前,分别校正 U、V 轴的垂直度后,还需要检验电极丝垂直度校正的效果。具体方法:重新分别从 U、V 轴方向碰火花,查看火花是否均匀,若 U、V 轴方向上火花均匀,则说明电极丝垂直度较好;若 U、V 轴方向上火花不均匀,则重新校正,再检验。

③在校正电极丝垂直度之前,电极丝应张紧,张力与加工中使用的张力相同。

④用火花法校正电极丝垂直度时,电极丝要运转,以免电极丝断丝。

(2)校正器法。校正器是由一个触点与指示灯构成的光电校正装置,电极丝与触点接触时指示灯亮。它的灵敏度较高,使用方便且直观。底座用耐磨不变形的大理石或花岗岩制成,如图 3.36 所示。使用校正器校正电极丝垂直度的方法与火花法大致相同。主要区别是:火花法是观察火花上下是否均匀,而用校正器则是观察指示灯。若在校正过程中,指示灯同时亮,则说明电极丝垂直度良好,否则需要校正。

5. 电极丝定位

在线切割加工中,当工件在机床上是否校正后,需确定电极丝与工件基准面或基准线的相对位置,其目的是为了确定电极丝中心是否在工件切割的起点坐标位置上,常用的电极丝定位主要有三种方法。

(1)目测法。

对于加工要求较低的工件,在确定电极丝与工件基准间的相对位置时,可以直接利用目测或借助 2～8 倍的放大镜来进行观察。如图 3.37 所示,利用穿丝孔划出的十字基准线,分别沿划线方向观察电极丝与基准线的相对位置,根据两者的偏离情况移动工作台,

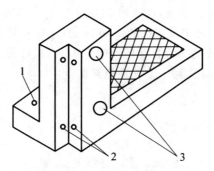

图 3.36　垂直度校正器
1—导线；2—触头；3—指示灯

当电极丝中心分别与纵、横方向基准线重合时，工作台纵、横方向上的读数就确定了电极丝中心的位置。

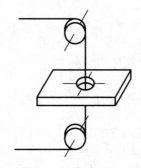

图 3.37　目测法

（2）火花法。

火花法是工厂常用的一种定位方法，如图 3.38 所示。摇动工作台手柄，使电极丝逐渐靠近工件的基准面，待开始出现火花时，记下拖板的相应坐标或将手轮刻度盘调零。该方法操作方便，应用较广，但精度受操作者的水平与放电间隙的影响，并且会在工件基准面上留下电蚀痕迹，不适合用于精度要求较高的工件定位。

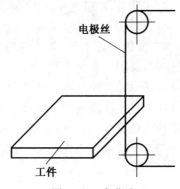

图 3.38　火花法

（3）自动找中心法。

自动找中心法的目的是为了让电极丝在工件的孔中心定位，找孔中心时，系统自动先

后对 X、Y 轴的正、负两个方向定位，自动计算平均值，并定位在中点。如图 3.39 所示，先定位在孔的 X 方向的中点，再定位在孔的 Y 方向的中点，这样经过几次重复就可以找到孔的中心。这种方法影响其精度的关键是孔的精度、粗糙度及清洁程度。特别是热处理后孔的氧化层难以清除，最好先对定位孔进行磨削。

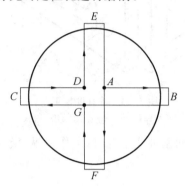

图 3.39　自动找中心法

四、线切割加工机床安全技术规程

线切割加工机床安全技术规程，可从两方面考虑：一方面是人身安全，另一方面是设备及厂房安全。

（1）操作者必须熟悉线切割加工机床技术，开机前应按设备润滑要求，对机床有关部位注油润滑（润滑必须符合机床说明书要求）。

（2）操作者必须熟悉线切割加工工艺，恰当选择加工参数，按规定的操作顺序操作，防止造成断丝等现象。

（3）用摇柄操作储丝筒后，及时将摇柄拔出，防止储丝筒转动将摇柄甩出伤人。同时要注意防止电极丝扎人，换下的丝一定要放在规定的容器内，防止混入电路或运丝机构，造成短路、断丝、起火等事故。注意防止因丝筒惯性造成的断丝及传动件的碰撞。为此，停机时要在储丝筒刚换向时按下停止按钮。

（4）尽量消除工件的剩余应力，防止切割之中工件爆裂伤人。加工之前应安好防护罩。

（5）切割工件之前，应确认装夹位置是否正确，防止碰撞丝架以及因超行程撞坏丝杠和丝母。对于无超程限位的工作台，要防止坠落事故。

（6）机床附近不得摆放易燃、易爆品，防止放电火花引起火灾事故。

（7）线切割加工机床从电源开关接入床身内电源开关，不得将零线接入开关，应直接绕过开关接入机床，以免开关接触不良未接入零线，造成机床带电。

（8）接好总电源，可逐次分开关，查看电机方向、水泵方向是否正确，通电实验良好后，全机运行。

（9）临时橡胶线横过走道，应用钢管、角铁套上，保证不被重物砸断，以免暴裂或烧毁，出现事故。

（10）禁止用湿手按开关或接触电器部分，防止工作液进入机床电器，一旦发生火灾应立即切断电源，用灭火器立即扑灭火源，禁止用水灭火。

（11）操作者打开电器箱门检查电路要先断电，否则禁止开门，需要带电开门检查电器线路，必须有监护人在场。

（12）线切割加工机床无论带电与否都要以带电对待，检查后才能动手工作。

（13）用线切割机床加工时，所用的扳手、六角扳手及胶皮锤等各种量具、卡具不得随意摆放，避免与机床磕碰，保护机床的外观。

（14）已加工好的工件或铁块不得摆放在机床上或在机床上存放。

（15）对于已加工好的工件或模具不得随意摆弄或带走。

（16）对于正在加工或正在调机的机床不准随便使用或按其按钮。

（17）用完的量具和夹具要放回原处或放至应该放的地方。

（18）要遵守作息时间，不准迟到或早退。如有事需要请假，要提前申请。

思考与练习

1.线切割加工机床有哪几种？各有怎样的特点？

2.说明快速走丝线切割加工机床由几部分组成？各部分的作用是什么？

3.说明本任务工件如何装夹？

4.总结一下线切割加工五角星凹模的操作步骤。

5.如何实现工件的对边和定中心？

6.如图 3.40(a)所示毛坯，现通过线切割加工成图 3.40(b)所示曲面检具零件图，图 3.40(c)所示为切割加工过程中的轨迹路线图，其中 O 点为穿丝孔，A 点为起割点。

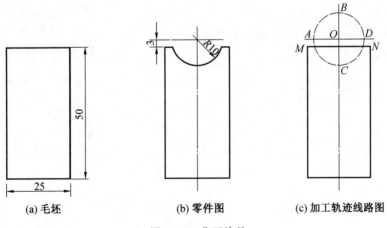

（a）毛坯　　　　（b）零件图　　　　（c）加工轨迹线路图

图 3.40　曲面检具

（1）OA 线段长度通常为多少？能否取 10 mm，为什么？

（2）OA 线段到工件顶部 MN 线段的距离通常为多少，为什么？该距离的值能否等于电极丝的半径，为什么？

（3）在图 3.40(c)加工路线中是顺时针加工还是逆时针加工，为什么？

（4）自己假设 OA 线段的长度及 O 点到 MN 的距离，详细说明电极丝定位于 O 点的具体过程。

实操评量表

学生姓名：_____ 学号：_____ 班级：_____

序号	考核项目	项目	子项目	个人评价	组内互评	教师评价
1	知识目标达成度	电火花线切割加工基础知识 20%	搜集信息 5%			
			信息学习 8%			
			引导问题回答 7%			
2	能力目标达成度	任务实施、检查 60%	工件装夹、校正 15%			
			电极丝上丝 10%			
			电极丝穿丝、垂直度校正 15%			
			电参数的选择 10%			
			加工质量 10%			
3	职业素养达成度	团结协作 10%	配合很好 5%			
			服从组长安排 3%			
			积极主动 2%			
		敬业精神 10%	学习纪律 10%			
评语						

任务四 车刀的线切割加工

实操任务单

任务引入：在车削加工中经常用高速钢条自做车刀。由于车刀使用的材料是高速钢，其硬度高，常常使用线切割加工，简单方便。图 4.1 所示为通过线切割加工的高速钢车刀，然后通过磨削加工车刀的角度。

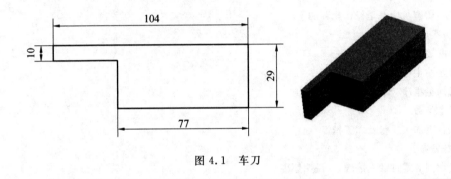

图 4.1 车刀

教学目标	**知识目标：** 1.掌握线切割加工 3B 代码编程 2.掌握影响线切割加工工艺指标的因素 **能力目标：** 1.能够编写线切割加工 3B 代码程序 2.能够较合理地选择电参数 **素质目标：** 1.养成安全操作习惯，具有良好的职业道德 2.能够吃苦耐劳，具有工匠精神 3.团结协作，自主学习能力
使用器材	线切割加工机床，钼丝，工件，游标卡尺，百分表等

续表

实操步骤及要求：

一、任务分析

1.车刀线切割加工程序的编制

2.电极丝的定位

3.如何选择电参数

二、任务计划

1.制订工件的安装、校正方案

2.制订电极丝垂直度校正方案

3.制订电参数选择计划

三、任务准备

1.电极丝的准备

2.工件的准备

3.数控线切割机床安全操作规程的学习

四、任务实施

1.工件的装夹、校正

2.电极丝的定位

3.编写加工程序

4.选择电参数

5.比较各组加工质量及加工精度

五、任务思考

观察线切割后零件截面的颜色，说明原因

知 识 链 接

一、电火花线切割编程

数控线切割加工机床的控制系统是根据人的"命令"控制机床进行加工的。因此必须先将要加工工件的图形用机器所能接受的"语言"编好"命令"，以便输入控制系统，这种"命令"就是数控线切割加工程序。这项工作称为数控线切割编程，简称编程。

数控线切割编程方法分为手工编程和微机自动编程。目前快速走丝线切割加工机床一般采用 3B（个别扩充为 4B 或 5B）数控程序格式，而慢速走丝线切割机床普遍采用国际标准化组织（International Organization for Standardization，ISO）或电子工业协会（Electronic Industries Alliance，EIA）数控程序格式。

（一）数控线切割 3B 代码编程

1.3B 代码的基本格式

数控线切割加工轨迹图形是由直线和圆弧组成的，它们的 3B 程序指令格式为：

BXBYBJGZ

B——分隔符,用它来将 X、Y、J 的数码分隔开;

X、Y①——坐标绝对值,单位为 μm;

J——加工线段的计数长度,单位为 μm;

G——加工线段计数方向,分为按 X 方向计数(GX)和按 Y 方向计数(GY);

Z——加工指令。

2.线切割直线加工的 3B 代码编程

(1)X、Y 值的确定。以直线的起点为原点,建立直角坐标系,在直线 3B 代码中,X、Y值主要是确定该直线的斜率,所以也可将直线终点坐标的绝对值除以它们的最大公约数作为 X、Y 的值,以简化数值;若直线与 X 或 Y 轴重合,X、Y 均可写作 0 也可以不写。

(2)G 的确定。G 用来确定加工时的计数方向,分为 GX 和 GY。直线编程的计数方向的选取方法是:以要加工的直线的起点为原点,建立直角坐标系,取该直线终点坐标绝对值大的坐标轴为计数方向。具体确定方法为:终点坐标为(x_e, y_e),令 $x=|x_e|$,$y=|y_e|$,若 $y<x$,则 G=GX,如图 4.2(a)所示;若 $y>x$,则 G=GY,如图 4.2(b)所示;若 $y=x$,则在一、三象限取 G=GY,在二、四象限取 G=GX。

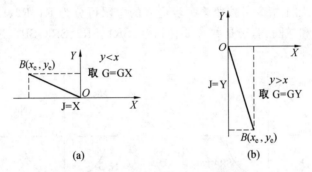

图 4.2　加工直线时 G、J 的确定

(3)J 的确定。J 为计数长度,以 μm 为单位。以前编写程序时应写满六位数,不足六位前面补零,现在的机床基本上可以不用补零。

J 的取值方法为:由计数方向 G 确定投影方向,若 G=GX,则将直线向 X 轴投影得到长度的绝对值即为 J 的值;若 G=GY 则将直线向 Y 轴投影得到长度的绝对值即为 J 的值,如图 4.2 所示。

(4)Z 的确定。加工指令 Z 按照直线走向和终点的坐标不同可分为 L1、L2、L3、L4,其中与 $+X$ 轴重合的直线算作 L1,与 $-X$ 轴重合的直线算作 L3,与 $+Y$ 轴重合的直线算作 L2,与 $-Y$ 轴重合的直线算作 L4,具体如图 4.3 所示。

3.线切割圆弧加工的 3B 代码编程

(1)X、Y 值的确定。以圆弧的圆心为原点,建立正常的直角坐标系,X、Y 表示圆弧起点坐标的绝对值,单位为 μm。

---

① 本章内容涉及编写程序,为了与编程代码统一,图文中一部分字母与程序字体(正体)一致。

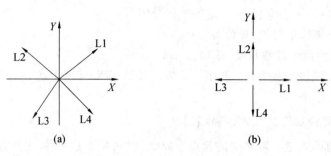

图 4.3　直线加工指令 Z 的确定

（2）G 的确定。G 用来确定加工时的计数方向，分为 GX 和 GY。圆弧编程的计数方向的选取方法是：以圆心为原点建立直角坐标系，取终点坐标绝对值小的轴为计数方向。若 $x=y$，则 GX、GY 均可。

（3）J 的确定。圆弧编程中 J 的取值方法为：由计数方向 G 确定投影方向，若 G＝GX，则将圆弧向 X 轴投影；若 G＝GY，则将圆弧向 Y 轴投影。J 值为各个象限圆弧投影长度绝对值的和。

（4）Z 的确定。加工指令 Z 按照第一步进入的象限可分为 R1、R2、R3、R4；按切割的走向可分为顺圆 S 和逆圆 N，于是共有 8 种指令：SR1、SR2、SR3、SR4、NR1、NR2、NR3、NR4，具体如图 4.4 所示。

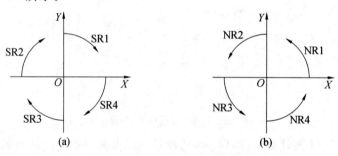

图 4.4　圆弧加工指令 Z 的确定

4.线切割 3B 代码编程举例

请对如图 4.5 所示的工件进行编写程序。

该工件由三段直线和一段圆弧组成，故需要分成四段编写程序。

（1）加工直线线段 AB。

以起点 A 为坐标原点，则 B 点相对于 A 点坐标绝对值为 X＝40 000、Y＝0，则程序为：

B40000B0B40000GXL1

（2）加工斜线线段 BC。

以 B 点为坐标原点，则 C 点对 B 点的坐标绝对值为 X＝10 000，Y＝90 000，则程序为：

B10000B90000B90000GYL1

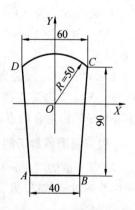

图 4.5　工件图（单位:mm）

（3）加工圆弧 CD。

以该圆弧圆心 O 为坐标原点，经计算，圆弧起点 C 对圆心 O 点的坐标绝对值为 X＝30 000，Y＝40 000，则程序为：

B30000B40000B60000GXNR1

（4）加工斜线线段 DA。

以 D 点为坐标原点，终点 A 对 D 点的坐标绝对值为 X＝10 000，Y＝90 000，则程序为：

B10000B90000B90000GYL4

实际线切割加工和编程时，要考虑钼丝半径 r 和单面放电间隙 S 的影响。对于切割孔和凹模，应将程序轨迹偏移减小$(r＋S)$距离；对于凸模，则应将偏移增大$(r＋S)$距离。

（二）线切割 ISO 代码程序编制

ISO 代码是国际标准化组织确认和颁布的国际上通用的数控机床语言。数控电火花线切割机床在进行加工以前，必须按照图纸编制加工程序，所编制的程序必须符合下列规则。

1. ISO 代码程序格式

对线切割加工来说，某一图段（直线或圆弧）的程序格式为若干个代码字组成。每个代码字由一个地址（用字母表示）和一组数字组成，有些数字还带有符号。

程序段号 N：位于程序段之首，表示一条程序的序号，后续为 2～4 位数字。

准备功能指令 G：建立机床或控制系统方式的一种指令，其后两位数字表示各种不同的功能。

尺寸字：尺寸字在程序段中主要是用来控制电极丝运动到达的坐标位置。

电火花线切割加工常用的尺寸字有 X、Y、U、V、A、I、J 等，尺寸字的后续数字应加正负号，单位为 μm。其中，I、J 为圆弧的圆心对圆弧起点的坐标值，其他为线段的终点坐标值。

2. G 代码指令

准备功能指令代码是 ISO 代码程序的重要内容，其常用的 G 代码基本指令见表4.1。

表 4.1　数控电火花线切割加工机床常用的 G 代码

代码	功能	代码	功能
G00	快速定位	G40	取消间隙补偿
G01	直线插补	G41	左偏间隙补偿 D 偏移值
G02	顺圆插补	G42	右偏间隙补偿 D 偏移值
G03	逆圆插补	G50	消除锥度
G05	X 轴镜像	G51	锥度左偏 A 角度值
G06	Y 轴镜像	G52	锥度右偏 A 角度值
G07	X、Y 轴交换	G90	绝对坐标系
G08	X 轴镜像，Y 轴镜像	G91	相对坐标系
G09	X 轴镜像，X、Y 轴交换	G92	定起点
G10	Y 轴镜像，X、Y 轴交换	G80	移动到接触感知
G11	X 轴镜像，Y 轴镜像，X、Y 轴交换	G81	移动到机床的极限
G12	消除镜像	G82	移动到原点与现坐标一半处

（1）G00 快速定位指令。在线切割加工机床不放电情况下，使指定的某轴以最快的速度移动到指定位置。

书写格式：G00 X_Y_

注意：如果程序中指定了 G01、G02 等指令，则 G00 无效，有些系统将这一常用命令作为外部功能使用。

（2）G01 直线插补指令。电极丝从当前位置以进给速度移动到指定位置，与数控铣削加工不同的是，线切割加工中的直线插补和圆弧插补不要求进给速度指令。

书写格式：G01 X_Y_

例 4.1　如图 4.6 所示，电极丝从 A 点直线切割到 B 点，编写程序。

G92 X40000Y20000；

G01 X80000Y60000；

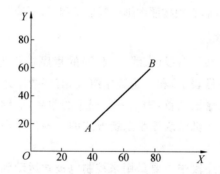

图 4.6　直线插补示意图（单位：mm）

（3）圆弧插补（G02 或 G2，G03 或 G3）。线切割加工中的圆弧插补指令格式与数控铣削加工中的圆弧插补指令格式完全相同，但应注意以下问题：

G02 为顺时针加工圆弧指令 。

书写格式：G02 X_Y_I_J_

G03 为逆时针加工圆弧指令。

书写格式：G03 X_Y_I_J_

X、Y 表示圆弧终点坐标，I、J 表示圆心相对起点的增量。

注意：一个整圆不能只用一条圆弧插补指令来描述，编程时需要将圆分成两段以上的圆弧。

例 4.2　如图 4.7 所示，电极丝从 A 点沿圆弧切割，经过 B 点再到 C 点，编写程序。

G92 X5000Y10000；

G02 X15000Y10000I5000J0；

G03 X20000Y5000I5000J0；

（4）G92 工件起始点设置。

书写格式：G92 X_Y_

工件起始点设置指令用于设置加工程序在所选坐标系中的起始点坐标，其指令格式与数控铣削加工中的 G92 指令格式完全相同。G92 后面直接写 X 和 Y 坐标值，设定当前

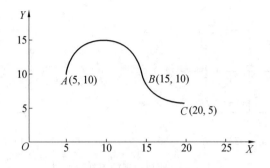

图 4.7　圆弧插补示意图(单位:mm)

位置在所选坐标系中的起始点坐标值,该坐标值一般作为加工程序的起始点。

注意:与数控铣削加工不同的是在用 G54～G59 设定的工件坐标系中,依然需要用 G92 设置加工程序在所选坐标系中的起始点坐标。

(5)间隙补偿指令 G41、G42、G40 。如果没有间隙补偿功能,只能按电极丝中心点的运动轨迹尺寸编制程序,计算量大而复杂。

G41 为左刀补指令。沿着电极丝前进的方向看,电极丝在工件的左边。

书写格式:G41 D_

G42 为右刀补指令。沿着电极丝前进的方向看,电极丝在工件的右边。

书写格式:G42 D_

G40 为取消间隙补偿指令。

书写格式:G40

注意:左刀补(G41)和右刀补(G42)的确定必须沿着电极丝前进的方向看,如图 4.8 所示为凸模加工,如图 4.9 所示为凹模加工。D 为电极丝半径与放电间隙之和,单位为 μm,取消间隙补偿指令必须放在退刀之前。

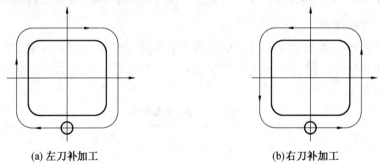

(a)左刀补加工　　　　　　　　　　　　(b)右刀补加工

图 4.8　凸模加工的刀补示意图

(6)锥度加工指令 G50、G51、G52。

G51 为左偏指令。沿着电极丝前进的方向看,电极丝上段在底平面加工轨迹的左边,如图 4.10 所示。

书写格式:G51 A_

G52 为右偏指令。沿着电极丝前进的方向看,电极丝上段在底平面加工轨迹的右边,

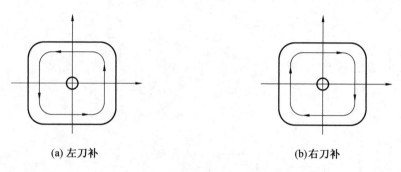

(a) 左刀补　　　　　　　　　　　　(b)右刀补

图 4.9　凹模加工的刀补示意图

如图 4.11 所示。

　　书写格式:G52 A_

　　G50 为取消锥度加工指令。

　　书写格式:G50

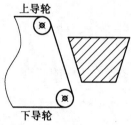

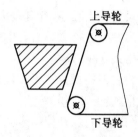

图 4.10　左锥度加工　　　　　　　　　图 4.11　右锥度加工

　　注意:左偏指令和右偏指令程序段必须放在进刀程序之前,A 为工件要求的加工锥度,采用角度表示,取消锥度加工指令必须放在退刀之前。下导轮到工作台面的高度 W、工件的厚度 H 以及工作台到上导轮的高度 S 需要在使用 G51、G52 之前输入。

3. 辅助功能指令

　　辅助功能指令由 M 功能指令及后续两位数组成,即 M00～M99,用来指令机床辅助装置的接通或断开。其中 M00 为程序暂停;M01 为选择停止;M02 为程序结束,辅助功能指令见表 4.2。

表 4.2　辅助功能指令

代码	功能
M00	程序暂停
M01	选择停止
M02	程序结束

4. ISO 代码编程实例

　　例 4.3　图 4.12 所示的对称三角形,可使用镜像及交换指令来编制加工程序。

　　编写程序时,应先编制第一象限的图形程序,然后对程序稍加修改即成为镜像加工程序。

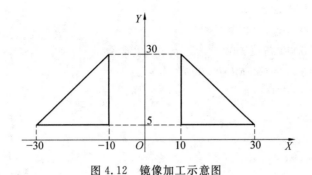

图 4.12 镜像加工示意图

第一象限图形加工程序：

O0100

N10 G92 X0Y0；

N20 G01 X10000Y5000；

N30 X30000Y5000；

N40 X10000Y30000；

N50 X0Y0；

N60 M02；

镜像加工程序：

O0200

N10 G05；　　　　　　　*X* 轴镜像

N20 G92 X0Y0；

N30 G01 X10000Y5000；

N40 X30000Y5000；

N50 X10000Y30000；

N60 X0Y0；

N70 G12；　　　　　　　取消 *X* 轴镜像

N80 M02；

例 4.4 顺时针加工如图 4.13(a)所示的锥孔，用 3B 代码编写线切割加工程序。电极丝直径为 0.12 mm，单边放电间隙为 0.01 mm，刃口斜度 A＝0.50，工件厚度 H＝15 mm，下导轮中心到工作台面的距离 W＝60 mm，工作台面到上导轮中心高度 S＝100 mm，偏移量 D＝(0.12/2＋0.01)mm＝0.07 mm。

如图 4.13(b)所示坐标系，穿丝孔中心为 *O*，切割程序如下。

O0001

N10 W60000；

N20 H15000；

N30 S10000；

N40 G51 A0.5；　　　　　　　锥度左偏

N50 G42 D70；　　　　　　　　　电极丝右偏间隙补偿

N60 G01 X5000Y10000；

N70 G02 X5000Y－10000I0J－10000；

N80 G01 X－5000Y－10000；

N90 G02 X－5000Y10000I0J10000；

N100 G01 X5000Y10000；

N110 G50；

N120 G40；

N130 G01 X0Y0；

N140 M02；

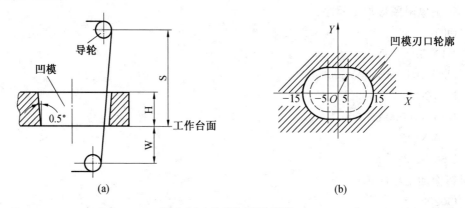

图 4.13　锥度加工示意图

二、电火花线切割加工工艺指标

(一)切割速度

线切割加工中的切割速度是指在保证一定的表面粗糙度的切割过程中，单位时间内电极丝中心线在工件上切过的面积总和，单位为 mm^2/min。最高切割速度是指在不计切割方向和表面粗糙度等条件下，所能达到的最大切割速度。通常快速走丝线切割加工的切割速度为 $40 \sim 80$ mm^2/min，它与加工电流大小有关。为了在不同脉冲电源、不同加工电流下比较切割效果，将每安培电流的切割速度称为切割效率，一般切割效率为 20 $mm^2/(min \cdot A)$。

(二)加工精度

加工精度是指加工后工件的尺寸精度、几何形状精度(如直线度、平面度、圆度等)和位置精度(如平行度、垂直度、倾斜度等)的总称。加工精度是一项综合指标，它包括切割轨迹的控制精度、机械传动精度、工件装夹定位精度以及脉冲电源参数的波动，电极丝的直径误差、损耗与抖动，工作液脏污程度的变化，加工操作者的熟练程度等对加工精度的影响。

快速走丝线切割加工的可控加工精度在 $0.01 \sim 0.02$ mm 左右，慢速走丝线切割加工可达 $0.002 \sim 0.005$ mm 左右。

(三)表面粗糙度

我国和欧洲大部分国家通常采用轮廓算术平均偏差 $Ra(\mu m)$ 来表示表面粗糙度,日本则采用 $R_{max}(\mu m)$ 来表示。快速走丝线切割加工的表面粗糙度一般为 $Ra\ 2.5 \sim 5\ \mu m$,最佳也只有 $Ra\ 1\ \mu m$ 左右。慢速走丝线切割加工的表面粗糙度一般为 $Ra\ 1.25\ \mu m$,最佳可达 $Ra\ 0.2\ \mu m$。

(四)电极丝损耗量

对于快走丝线切割加工机床,电极丝损耗量用电极丝在切割 10 000 mm² 面积后电极丝直径的减少量来表示,一般减小量不应大于 0.01 mm。对于慢走丝线切割加工机床,由于电极丝是一次性的,故电极丝损耗量可忽略不计。

三、影响线切割工艺指标的因素

(一)电参数的影响

1.峰值电流对工艺指标的影响

峰值电流增大,切割加工速度提高,表面粗糙度变差,电极丝的损耗比加大。一般取峰值电流 i_e 小于 40 A,平均电流小于 5 A。慢走丝线切割加工时,因脉宽很窄,小于 1 μs,电极丝又较粗,故 i_e 有时大于 100 A 甚至 500 A。

2.脉冲宽度 t_i 对工艺指标的影响

通常情况下,脉冲宽度 t_i 加大时,切割速度提高,加工表面粗糙度变差。一般取脉冲宽度 t_i 为 2～60 μs。在分组脉冲及光整加工时,t_i 可小至 0.5 μs 以下。

3.脉冲间隔 t_o 对工艺指标的影响

脉冲间隔 t_o 减小时,平均电流增大,切割速度加快。但脉冲间隔 t_o 过小会引起电弧放电和断丝。一般情况下,取脉冲间隔 $t_o = (4 \sim 8)t_i$。在切割大厚度工件时,应取较大值,以保持加工过程的稳定性。

综上所述,电参数对电火花线切割加工工艺指标的影响有如下规律:

(1)加工速度随着加工峰值电流、脉冲宽度的增大和脉冲间隔的减小而提高,即加工速度随着加工平均电流的增加而提高。实验证明,增大峰值电流对切割速度的影响比用增大脉宽的办法显著。

(2)加工表面粗糙度数值随着加工峰值电流、脉冲宽度的增大及脉冲间隔的减小而增大,不过脉冲间隔对表面粗糙度影响较小。

(二)非电参数的影响

1.电极丝及其材料对工艺指标的影响

目前电火花线切割加工使用的电极丝材料有钼丝、钨丝、钨钼合金丝、黄铜丝、铜钨丝等。快走丝线切割加工中广泛使用钼丝作为电极丝,因其耐损耗、抗拉强度高、丝质不易变脆且较少断丝。

(1)电极丝张紧力的影响。

①提高电极丝的张紧力可减轻丝振的影响,从而提高精度和切割速度。

②采用恒张力装置可以在一定程度上改善丝张紧力的波动。但如果过分将张紧力增大,切割速度不仅不继续上升,反而容易断丝。

(2)电极丝直径的影响。

在加工要求允许的情况下,可选用直径大些的电极丝。直径大,抗拉强度大,承受电流大,可采用较强的电规准进行加工,能够提高输出的脉冲能量,提高加工速度。若电极丝直径过大,则难加工出内尖角工件,降低了加工精度;若电极丝直径过小,则抗拉强度低,易断丝,而且切缝较窄,放电产物排除条件差,加工经常出现不稳定现象,导致加工速度降低。

(3)走丝速度的影响。

对于快走丝线切割加工机床,在一定的范围内,随着走丝速度的提高,加工速度也提高。提高走丝速度有利于电极丝把工作液带入较大厚度的工件放电间隙中,也有利于电蚀产物的排除和放电加工的稳定。但走丝速度过高,将加大机械振动,降低精度和切割速度,表面粗糙度也恶化,并易造成断丝,一般以小于 10 m/s 为宜。

(4)电极丝运丝方式的影响。

①快速走丝线切割加工时,电极丝通过往复运动进行加工,工件表面往往会出现黑白交错相间的条纹,电极丝进口处呈黑色,出口处呈白色,如图 4.14 所示。

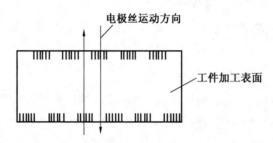

图 4.14　与电极丝运动方向有关的条纹

②电极丝往复运动还会造成斜度。电极丝上下运动时,电极丝进口处与出口处的切缝宽窄不同,如图 4.15 所示。宽口是电极丝的入口处,窄口是电极丝的出口处。故当电极丝往复运动时,在同一切割表面中电极丝进口与出口的高低不同。

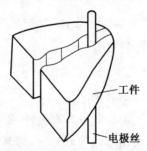

图 4.15　电极丝运动引起的斜度

③对于慢速走丝线切割加工机床,电极丝材料和直径有较大的选择范围。由于电极丝单方向运动,加之便于维持放电间隙中的工作液和蚀除产物的大致均匀,所以可避免黑白相间的条纹。同时,由于慢速走丝系统电极丝运动速度低,一次性使用,张力均匀,振动较小,所以加工稳定性,表面粗糙度、精度指标等均好于快速走丝机床。

2.工件厚度及其材料对工艺指标的影响

工件材料薄,工作液容易进入和充满放电间隙,对排屑和消电离有利,加工稳定性好;若工件太薄,电极丝易产生抖动,对加工精度和表面粗糙度带来不良影响,且脉冲利用率低,切割速度下降。

若工件材料太厚,工作液难以进入和充满放电间隙,这样对排屑和消电离不利,加工稳定性差。

切割速度先随厚度的增加而增加,达到某一最大值(一般为 50~100 mm)后开始下降,这是因为厚度过大时,冲液和排屑条件变差。

工件材料的化学、物理性能不同,加工效果也将会有较大差异。

3.进给速度对工艺指标的影响

合理调节进给速度,使其达到较好的加工状态是很重要的。

调节进给速度,使其紧密跟踪工件蚀除速度,保持加工间隙恒定在最佳值左右,可以使有效放电状态的比例大,而开路和短路的比例小,从而使切割速度达到给定加工条件下的最大值,相应的加工精度和表面质量也好。

如果进给速度调得太快,超过工件可能的蚀除速度会出现频繁的短路现象,切割速度反而低,表面粗糙度也差,上下端面切缝呈焦黄色,甚至可能断丝。

若进给速度调得太慢,明显落后于工件可能的蚀除速度,极间将偏开路,有时会时而开路时而短路,上下端面切缝呈焦黄色,影响工艺指标。

4.工作液对工艺指标的影响

(1)在相同的工作条件下,采用的工作液不同,得到的加工速度、表面粗糙度也不同。快走丝线切割加工机床的工作液有煤油、去离子水、乳化液、洗涤剂液、酒精溶液等。但由于煤油、酒精溶液加工时加工速度低、易燃烧,现已很少采用。目前,快走丝线切割工作液广泛采用乳化液,其加工速度快。慢走丝线切割加工机床采用的工作液为去离子水和煤油。

(2)工作液的注入方式和注入方向对线切割加工精度有较大影响。

工作液的注入方式有浸泡式、喷入式和浸泡喷入复合式。在浸泡式注入方法中,线切割加工区域流动性差,加工不稳定,放电间隙大小不均匀,很难获得理想的加工精度;喷入式注入方式是目前国产快走丝线切割加工机床应用最广泛的一种,如图 4.16 所示。

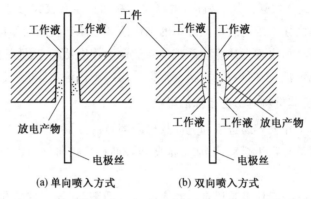

图 4.16　工作液喷入方式对线切割加工精度的影响

四、线切割断丝原因分析

1. 快走丝线切割加工机床加工中断丝的主要原因及采用的主要方法

快走丝线切割加工机床加工中断丝的主要原因见表 4.3。

表 4.3　快走丝线切割加工机床加工中断丝的主要原因

若在刚开始加工阶段就断丝,则可能的原因	(1)加工电流过大; (2)钼丝抖动厉害; (3)工件表面有毛刺或氧化皮
在加工中间阶段断丝,则可能的原因	(1)电参数不当,电流过大; (2)进给调节不当,开路、短路频繁; (3)工作液太脏; (4)导电块未与钼丝接触或被拉出凹痕; (5)切割厚件时,脉冲过小; (6)丝筒转速太慢
若在加工最后阶段出现断丝,则可能的原因	(1)工件材料变形,夹断钼丝; (2)工件跌落,撞落钼丝

在快走丝线切割加工中,要正确分析断丝原因,采取合理的解决办法。在实际中往往采用如下方法:

(1)减少电极丝(钼丝)运动的换向次数,尽量消除钼丝抖动现象。根据线切割加工的特点,钼丝在快速切割运动中需要不断换向,在换向的瞬间会造成钼丝松紧不一致,即钼丝各段的张力不均,使加工过程不稳定。所以在上丝的时候,电极丝应尽可能上满储丝筒。

(2)钼丝导轮的制造和安装精度直接影响钼丝的工作寿命。在安装和加工中应尽量减小导轮的跳动和摆动,以减小钼丝在加工中的振动,提高加工过程的稳定性。

(3)选用适当的切削速度。在加工过程中,如切削速度(工件的进给速度)过大,被腐蚀的金属微粒不能及时排出,会使钼丝经常处于短路状态,造成加工过程的不稳定。

(4)保持电源电压的稳定和工作液的清洁。电源电压不稳定会使钼丝与工件两端的电压不稳定,从而造成击穿放电过程的不稳定。工作液如不定期更换会使其中的金属微粒成分比例变大,逐渐改变工作液的性质而失去作用,引起断丝。如果工作液在循环流动中没有泡沫或泡沫很少、颜色发黑、有臭味,则要及时更换工作液。

2.慢走丝线切割加工机床加工中断丝的主要原因及采用的主要方法

慢走丝线切割加工机床加工中出现断丝的主要原因有:电参数选择不当;导电块过脏;电极丝速度过低;张力过大;工件表面有氧化皮。为了防止断丝,慢走丝线切割加工机床加工主要采用以下方法。

(1)及时检查导电块的磨损情况及清洁程度。慢走丝线切割加工机床的导电块一般加工了60~120 h后就必须清洗一次。如果加工过程中在导电块位置出现断丝,就必须检查导电块,把导电块卸下来用清洗液清洗掉上面粘着的脏物,磨损严重的要更换位置或更新导电块。

(2)有效的冲水(油)条件。放电过程中产生的加工屑也是造成断丝的因素之一。加工屑若粘附在电极丝上,则会在粘附的部位产生脉冲能量集中释放,导致电极丝产生裂纹,发生断裂,因此加工过程中必须冲走这些微粒。所以在慢走丝线切割加工中,粗加工的喷水(油)压力要大,在精加工阶段的喷水(油)压力要小。

(3)良好的工作液处理系统。慢速走丝线切割加工机床放电加工时,工作液的电阻率必须在适当的范围内。绝缘性能太低,将产生电解而无法形成击穿火花放电;绝缘性能太高,则放电间隙小,排屑难,易引起断丝。

因此,加工时应注意观察电阻率表的显示,当发现电阻率不能再恢复正常时,应及时更换离子交换树脂。同时还应检查与工作液有关的条件,如检查工作液的液量和过滤压力表,及时更换过滤器,以保证工作液的绝缘性能、洗涤性能和冷却性能,预防断丝。

(4)适当调整放电参数。慢走丝线切割加工机床的加工参数一般根据标准选取,但当加工超高件、上下异形件及大锥度时常常出现断丝,这时就要调整放电参数。较高能量的放电将引起较大的裂纹,因此就要适当地加长放电脉冲的间隙时间,减小放电时间,减低脉冲能量,断丝就会减少。

(5)选择好的电极丝。电极丝一般都采用锌和锌含量高的黄铜合金作为涂层,在条件允许的情况,尽可能使用优质的电极丝。

(6)及时取出废料。废料落下后,若不及时取出,可能与电极丝直接导通,产生能量集中释放,引起断丝。因此在废料落下时,要在第一时间取出废料。

思考与练习

1.本任务加工车刀时如何调整电火花的大小?

2.观察加工好的车刀,对比选用不同的电参数的加工效果。

3.本任务加工车刀如何提高加工速度?

4.编写车刀的3B代码程序。

5.讨论一下我们使用的快走丝线切割加工机床有几轴?

6.用3B代码编制加工图4.17所示的凸模线切割加工程序,已知电极丝直径为

0.18 mm,单边放电间隙为 0.01 mm,图中 O 为穿丝孔,拟采用的加工路线 $O-E-D-C-B-A-E-O$。

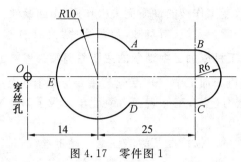

图 4.17　零件图 1

7. 请分别编制加工图 4.18 所示零件的线切割加工 3B 代码和 ISO 代码,已知线切割加工用的电极丝直径为 0.18 mm,单边放电间隙为 0.01 mm,点 O 为穿丝孔,加工方向为 $O-A-B-\cdots\cdots$

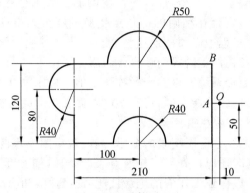

图 4.18　零件图 2

8. 如图 4.19 所示的某零件图(单位为 mm),AB、AD 为设计基准,圆孔 E 已经加工好,现用线切割加工圆孔 F。假设穿丝孔已经穿钻好,请说明将电极丝定位于欲加工圆孔中心 F 的方法。

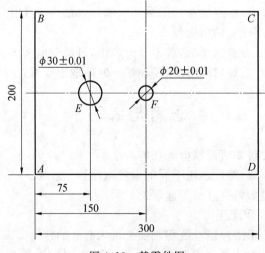

图 4.19　某零件图

实操评量表

学生姓名：_____ 学号：_____ 班级：_____

序号	考核项目	项目	子项目	个人评价	组内互评	教师评价
1	知识目标达成度	编程的基础知识20％	搜集信息5％			
			信息学习8％			
			引导问题回答7％			
2	能力目标达成度	任务实施、检查60％	工件装夹、校正15％			
			电极丝穿丝、垂直度校正15％			
			能够编写零件的加工程序10％			
			电参数的选择10％			
			加工质量10％			
3	职业素养达成度	团结协作10％	配合很好5％			
			服从组长安排3％			
			积极主动2％			
		敬业精神10％	学习纪律10％			

评语

任务五　多功能角度样板的线切割加工

实操任务单

任务引入：角度样板是线切割加工中最常见、最基本的加工零件，如图5.1所示多功能角度样板通过手动编写程序比较麻烦，可以利用绘图软件自动生成加工程序。

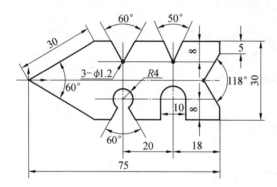

图 5.1　多功能角度样板

教学目标	**知识目标：** 1. 熟悉 CAXA 线切割 XP 软件的界面、操作和主要功能 2. 掌握和绘制简单工件的图形 3. 掌握对图形进行自动编程，生成 ISO 代码和 3B 代码 **能力目标：** 1. 具有使用 CAXA 线切割 XP 软件进行绘制和编辑工件图形的能力 2. 确定切割参数，设定切割补偿量，生成加工轨迹 3. 对加工轨迹进行仿真，以验证加工轨迹的正确性 4. 将加工轨迹生成 3B 代码 **素质目标：** 1. 养成安全操作习惯，具有良好的职业道德 2. 能够吃苦耐劳，具有工匠精神
使用器材	线切割机床，钼丝，工件，游标卡尺，百分表等

续表

实操步骤及要求：

一、任务分析

通过对多功能角度样板线切割加工,使学生掌握如下:

1. 掌握 CAXA 线切割 XP 软件的界面、操作和主要功能

2. 用 CAXA 软件绘制简单工件的图形

3. 对图形进行自动编程,生成 ISO 代码和 3B 代码

二、任务计划

1. 讲解 CAXA 线切割 XP 软件的界面、操作和主要功能

2. 讲解直线、圆弧和圆的绘制

3. 分组进行电极丝的上丝及穿丝

4. 分组进行电极丝的校正

5. 确定穿丝点位置和加工方向

6. 变换参数进行加工,体会参数对加工速度、质量和精度的影响

三、任务准备

1. CAXA 线切割 XP 软件的基础理论

2. 存储程序

3. 加工穿丝孔

4. 穿丝

5. 电极丝校正

6. 工件准备

7. 机床检查

四、任务实施

1. 工件的装夹校正

2. 穿好电极丝

3. 校正电极丝

4. 手动方式将电极丝移到毛坯右侧

4. 调出程序,仿真加工确定加工轨迹

5. 确定加工参数

6. 在教师指导下进行加工

7. 调整加工规准,进行加工

8. 比较各组的加工质量及加工精度

五、任务思考

1. 工作液对工艺指标的影响

2. 工件厚度对工艺指标的影响

知 识 链 接

一、CAXA 线切割 XP 软件操作界面认识

启动 CAXA 线切割 XP 软件后,进入系统的主界面如图 5.2 所示。主界面包括绘图功能区、菜单系统及状态栏三部分。

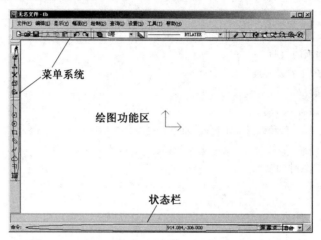

图 5.2　CAXA 线切割 XP 软件的主界面

1.绘图功能区

绘图功能区是用户进行绘图设计的主要工作区域,它占据了屏幕的大部分面积。中央区有一个垂直坐标系,该坐标系称为世界坐标系,在绘图功能区用鼠标或键盘输入的点,均以该坐标系为基准,两坐标轴的焦点即为原点(0,0)。

2.菜单系统

CAXA 线切割 XP 软件的菜单系统包括下拉菜单、图标工具栏、立即菜单、工具菜单四部分。

3.状态栏

屏幕的底部为状态栏,它包括当前点坐标值的显示、操作信息提示、工具菜单状态提示、点捕捉状态提示和命令与数据输入五项。

二、CAXA 线切割 XP 软件绘图

下面以加工多功能角度样板(图 5.1)为例说明具体操作步骤。

1.绘制多功能角度样板的中心线

(1)点击选择当前层下三角按钮,在弹出的当前层下拉列表中选择中心线层,如图5.3所示。

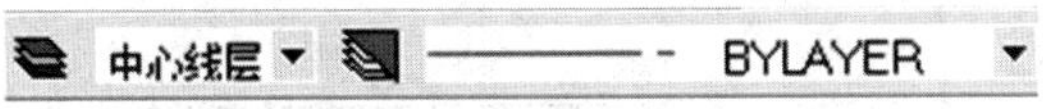

图 5.3　层控制的立即菜单

(2)点击主菜单"绘制—基本曲线—直线",选取绘制直线的立即菜单如图 5.4 所示。

图 5.4　绘制直线的立即菜单

(3)输入第一点坐标(0,0),回车;输入第二点坐标(75,0),回车,中心线绘制完毕。

2.绘制多功能角度样板外形

(1)点击选择当前层下三角按钮,在弹出的当前层下拉列表中选择 0 层。

(2)点击直线图标按钮,选取角度线绘制,修改立即菜单的数据,如图 5.5 所示。

图 5.5　绘制角度的立即菜单

(3)输入第一点坐标(0,0),回车;拖动光标使要绘制的角度位于中心线的上方,输入长度值 30,回车,如图 5.6 所示。

图 5.6　长度为 30 mm 且与 X 轴夹角为 30°的角度线

(4)将直线立即菜单修改为。

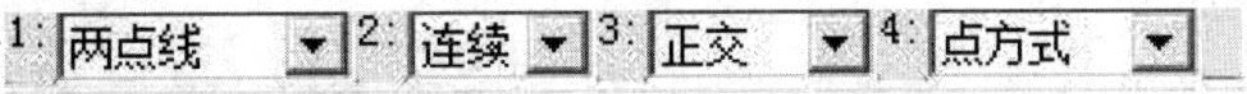

(5)第一点:按空格键,系统弹出工具点捕捉菜单,选择端点为绘制直线的第一点,如图 5.7 所示;输入第二点坐标(75,15),回车,如图 5.8 所示直线 L1。

图 5.7　工具点捕捉菜单

图 5.8　绘制直线 L1

(6)修改的直线立即菜单如图 5.9 所示。

图 5.9　修改的直线立即菜单

(7)将光标移到下方,使要绘制的直线垂直向下,然后点击,获得如图 5.10 所示长度为 5 mm 的直线。

L1

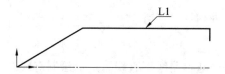

图 5.10　长度为 5 mm 直线的绘制

(8)将直线立即菜单改为角度线，如图 5.11 所示。

1: 角度线
2: X轴夹角
3: 到线上
4:度= 59
5:分= 0
6:秒= 0

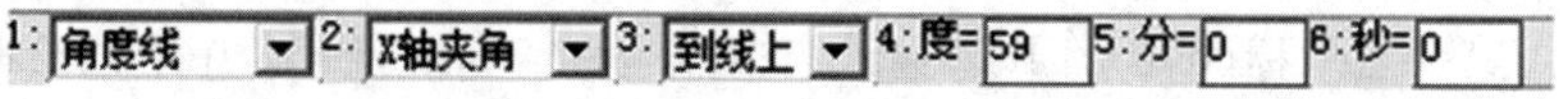

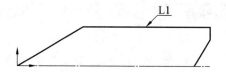

图 5.11　将直线立即菜单改为角度线

(9)按空格键，系统弹出工具点捕捉菜单，选择上一步绘制的 5 mm 垂直线的下端点为角度线的第一点，角度线长度和中心线相交，回车，如图 5.12 所示。

L1

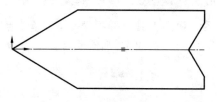

图 5.12　绘制与 *X* 轴夹角为 59°的角度线

(10)点击主菜单“绘制—曲线编辑—镜像”，将镜像立即菜单
1: 选择轴线
2: 拷贝
设置为用窗口选择方式拾取要镜像的元素(图 5.12 不包括中心线)，被选择的元素在屏幕上就会变成红色虚线，右击结束元素的选取；选择中心线作为镜像轴线，完成镜像，如图5.13 所示。

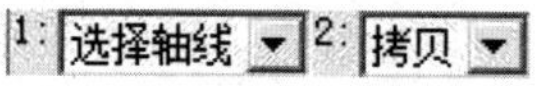

图 5.13　镜像完成

3. 绘制 60°和 50°角

(1)绘制辅助线。

①点击选择当前层下三角按钮，在弹出的当前层下拉列表中选择中心线层，点击主菜单“绘制—曲线编辑—基本曲线—等距线”，将等距线的立即菜单设置为如图 5.14 所示。

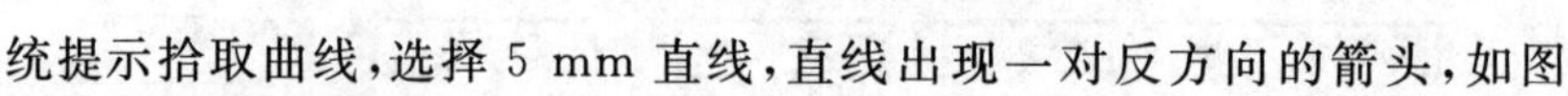

1: 单个拾取
2: 指定距离
3: 单向
4: 空心
5:距离 18
6:份数 1

图 5.14　等距线的立即菜单

②系统提示拾取曲线，选择 5 mm 直线，直线出现一对反方向的箭头，如图 5.15 所示。点击左边箭头，屏幕出现一条红色等距线 L3，右击；同样方法将等距离改为 38，绘制等距离线 L4，如图 5.16 所示。

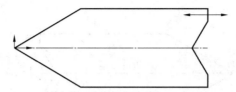

图 5.15　选择等距离方向

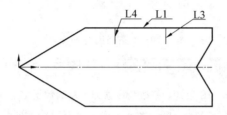

图 5.16　等距离线 L3、L4

③将刚绘制的等距离线 L3、L4 拉伸到直线 L2 上,如图 5.17 所示。

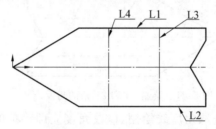

图 5.17　拉伸直线 L3、L4 与 L2 相交

④将直线立即菜单设置为 1:|平行线　▼| 2:|偏移方式 ▼| 3:|单向　▼|。

⑤拾取直线 L1,如图 5.17 所示,被选择的直线变成红色的虚线,将十字光标移到该直线下任意位置,然后输入 8,回车,得到直线 L5,如图 5.18 所示。

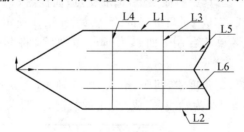

图 5.18　平行线 L5 和 L6 绘制

⑥拾取图 5.17 中直线 L2,被选择的直线变成红色的虚线,将十字光标移到该直线上任意位置,然后输入 8,回车,得到直线 L6,如图 5.18 所示,此时辅助线绘制完成。4 根辅助线分别相交的点分别 P1、P2、P3、P4,如图 5.19 所示。

(2)绘制 60°和 50°角。

①选择当前层为 0 层。

②点击直线图标按钮,选取角度线绘制,修改角度立即菜单的数据如图 5.20 所示。

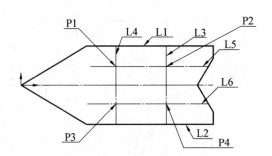

图 5.19　4 条辅助线的交点

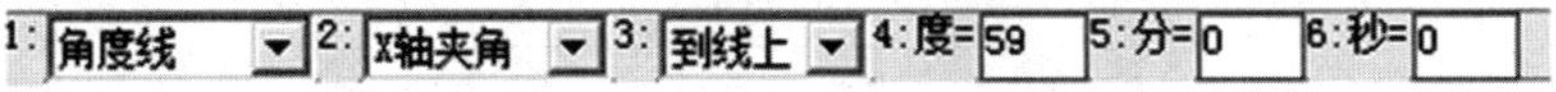

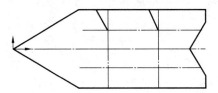

图 5.20　修改角度立即菜单的数据 1

③按空格键,系统弹出工具点捕捉菜单,选取交点,捕捉图 5.19 所示的 P1 点,系统提示拾取曲线,选择 L1 直线,完成 30°角度线绘制,如图 5.21 所示。

图 5.21　绘制 30°和 25°角的角度线

④点击直线图标按钮,选取角度线绘制,修改角度立即菜单的数据如图 5.22 所示。采用与 30°角度线绘制同样方法完成 25°角度线的绘制。

图 5.22　修改角度立即菜单的数据 2

⑤按空格键,系统弹出工具点捕捉菜单,选取交点,捕捉图 5.19 所示的 P2 点,系统提示拾取曲线,选择 L1 直线,完成 25°角度线的绘制,如图 5.21 所示。

⑥用鼠标点击主菜单"绘制—曲线编辑—镜像",将镜像立即菜单设置为 1:选择轴线 ▼ 2:拷贝 ▼。

⑦点击拾取刚绘制的 30°角度线,回车,拾取 L4 为轴线,完成 60°角的绘制;同理点击拾取 25°角度线,回车,拾取 L3 为轴线,完成 50°角的绘制,如图 5.23 所示。

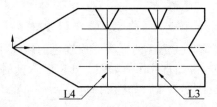

图 5.23　30°和 25°角度线的镜像

4.绘制直径为 1.2 的圆

将圆立即菜单改为 1:圆心_半径 ▼ 2:直径 ▼,用工具捕捉点捕捉 P1 点(图 5.19),输入直径为1.2,回车,完成P1点上直径为1.2圆的绘制;同理绘制P2点(图5.19)和P5点(图5.24)上直径为1.2圆的绘制。

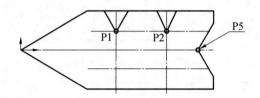

图5.24　绘制直径为1.2的圆

5. 绘制直径为10的圆弧轮廓

(1)点击圆弧绘制按钮,修改圆弧的立即菜单,如图5.25所示。

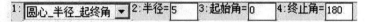

图5.25　修改圆弧的立即菜单

(2)按空格键,设置当前点捕捉方式为交点捕捉,捕捉P4点(图5.19)为圆心点,完成直径为10的圆弧的绘制,如图5.26所示。

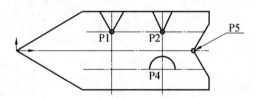

图5.26　绘制直径为10的圆弧

(3)将直线立即菜单设置为 `1: 两点线 ▼  2: 连续 ▼  3: 正交 ▼  4: 点方式 ▼`,按空格键,设置当前捕捉方式为端点,即为刚绘制的圆弧左边端点为第一点;按空格键,设置当前捕捉方式为垂足点,然后点击L2线(图5.19),圆弧左端点的垂直线绘制完成,用同样方法绘制圆弧右端点的垂直线,如图5.27所示。

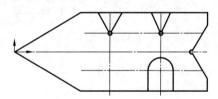

图5.27　绘制R5的圆弧垂直线

6. 绘制R4圆弧轮廓

(1)点击圆图标按钮,将圆立即菜单设置为 `1: 圆心_半径 ▼  2: 直径 ▼`,圆心为P3点、半径为4,绘制圆,如图5.28所示。

(2)点击直线图标按钮,选取角度线绘制,修改的立即菜单数据如图5.29所示。

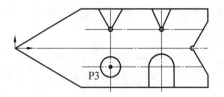

图 5.28　绘制 R4 的圆

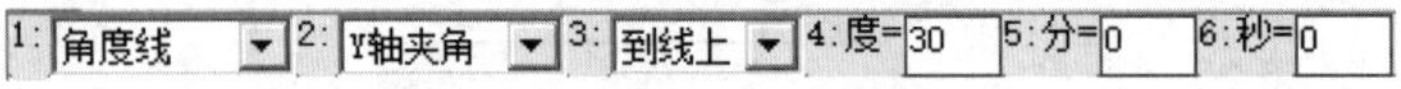

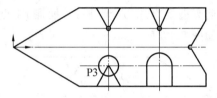

图 5.29　修改的立即菜单数据

（3）按空格键,系统弹出工具点捕捉菜单,选取交点,捕捉图 5.19 所示的 P3 点,系统提示拾取曲线,选择 L2 直线,完成 30°角度线绘制,如图 5.30 所示。

（4）点击主菜单"绘制—曲线编辑—镜像",将镜像立即菜单设置为 1:选择轴线 ▼ 2:拷贝 ▼ 。

（5）点击拾取刚绘制的 30°角度线,回车,拾取 L4(图 5.19)为轴线,完成 60°角的绘制,如图5.30所示。

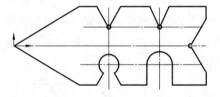

图 5.30　绘制 60°角

7.裁剪多余曲线

点击主菜单"绘制—曲线编辑—裁剪",将图中多余的曲线裁剪掉,完成多功能角度样板的绘制,如图 5.31 所示。

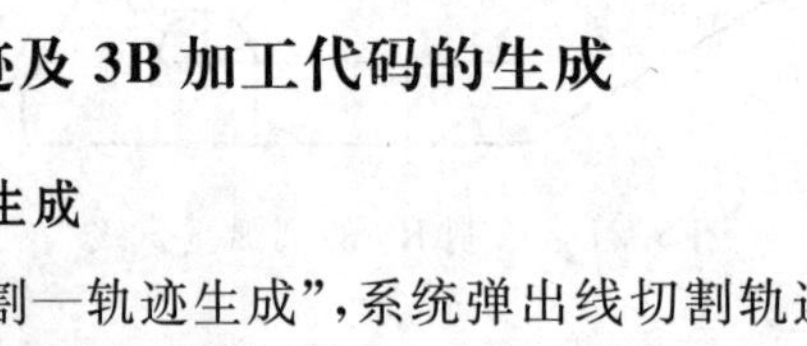

图 5.31　多功能角度样板绘制图

三、线切割加工轨迹及 3B 加工代码的生成

1.线切割加工轨迹的生成

（1）点击主菜单"线切割—轨迹生成",系统弹出线切割轨迹生成参数表对话框;

（2）按图 5.32 所示填写切割参数;

（3）按图 5.33 所示填写偏移量/补偿值,其计算方法为电极丝半径＋放电间隙,此次电极丝选择直径为 0.18 mm,放电间隙为 0.01 mm,故偏移量/补偿值为 0.1 mm;

图 5.32 切割参数选项卡

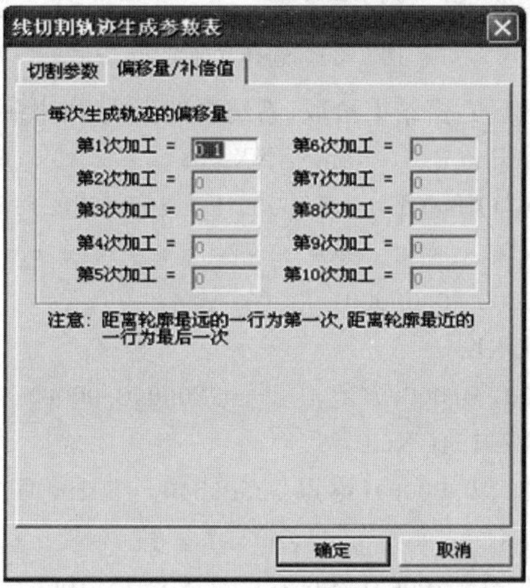

图 5.33 偏移量/补偿值选项卡

(4)选定各参数后,单击确定按钮,系统提示拾取轮廓,选取与 X 轴夹角 30°的角度线,点击,此时沿该直线方向出现一对反向箭头,如图 5.34 所示,此方向代表切割方向的选取。

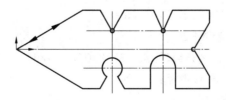

图 5.34 选择切割方向

(5)点击顺时针方向的箭头,在轮廓的法线方向出现一对反向方向的箭头,如图 5.35

所示,并在状态栏显示选择切割的外侧边为补偿方向。

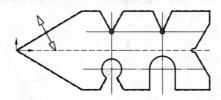

图 5.35　选择补偿方向

(6)选择轮廓外侧箭头,表示补偿方向指向轮廓外侧。

(7)输入穿丝点坐标(−5,0),回车,右击,使穿丝点与退回点重合,系统自动生成加工轨迹。

2. 生成 3B 加工代码

(1)点击主菜单"线切割—3B 代码",系统会弹出生成 3B 加工代码对话框。

(2)输入文件名 XX.3B,单击保存按钮。

(3)系统弹出生成 3B 代码立即菜单,选择立即菜单如图 5.36 所示。

| 1: 详细校验格式 ▼ | 2: 显示代码 ▼ | 3: 停机码 DD | 4: 暂停码 D | 5: 应答传输 ▼ |

图 5.36　选择立即菜单

(4)拾取加工轨迹,然后右击结束拾取,系统自动生成 3B 代码如下:

CAXAWEDM —Version 2.0, Name:XX.3B

Conner R=0.00000, Offset F=0.10000, Length=270.715 mm

＊ ＊

Start Point=−5.00000, 0.00000;X, Y

N1:B4800B0B4800GXL1

(直线起点:−5.0000, 0.0000)(终点:−0.2000,0.0000)

N2:B26154B15100B26154GXL1

(直线起点:−0.2000, 0.0000)(终点:25.9540, 15.1000)

N3:B6485B0B6485GXL1

(直线起点:25.9540, 15.1000)(终点:32.4390, 15.1000)

N4:B4348B7530B7530GYL4

(直线起点:32.4390, 15.1000)(终点:36.7870,7.5700)

N5:B87B50B63GXSR1

(圆弧起点:36.7870,7.5700)(终点:36.7507,7.4334)

(圆心:36.7000,7.5196)(半径:0.1000)

N6:B250B433B1500GXNR2

(圆弧起点:36.7507,7.4334)(终点:37.2506,7.4334)

(圆心:37.0000,7.0000)(半径:0.5000)

N7:B50B87B137GYSR3

(圆弧起点:37.2506,7.4334)(终点:37.2136,7.5704)

(圆心:37.3000,7.5196)(半径:0.1000)

N8：B4347B7530B7530GYL1

（直线起点：37.2136，7.5704）（终点：41.5606，15.1004）

N9：B11773B0B11773GXL1

（直线起点：41.5606，15.1004）（终点：53.3336，15.1004）

N10：B3503B7514B7514GYL4

（直线起点：53.3336，15.1004）（终点：56.8366，7.5864）

N11：B91B42B67GXSR1

（圆弧起点：56.8366，7.5864）（终点：56.7881，7.4536）

（圆心：56.7464，7.5438）（半径：0.1000）

N12：B211B453B1578GXNR2

（圆弧起点：56.7881，7.4536）（终点：57.2090，7.4541）

（圆心：57.0000，7.0000）（半径：0.5000）

N13：B42B91B133GYSR3

（圆弧起点：57.2090，7.4541）（终点：57.1600，7.5871）

（圆心：57.2536，7.5438）（半径：0.1000）

N14：B3507B7513B7513GYL1

（直线起点：57.1600，7.5871）（终点：60.6670，15.1001）

N15：B14433B0B14433GXL1

（直线起点：60.6670，15.1001）（终点：75.1000，15.1001）

N16：B0B5128B5128GYL4

（直线起点：75.1000，15.1001）（终点：75.1000，9.9721）

N17：B5714B9509B9509GYL3

（直线起点：75.1000，9.9721）（终点：69.3860，0.4631）

N18：B86B52B138GXSR4

（圆弧起点：69.3860，0.4631）（终点：69.2480，0.4291）

（圆心：69.3004，0.5143）（半径：0.1000）

N19：B258B429B1516GXNR1

（圆弧起点：69.2480，0.4291）（终点：69.2468，−0.4296）

（圆心：68.9914，−0.0000）（半径：0.5000）

N20：B52B86B62GYSR2

（圆弧起点：69.2468，−0.4296）（终点：69.3842，−0.4626）

（圆心：69.3004，−0.5143）（半径：0.1000）

N21：B5716B9510B9510GYL4

（直线起点：69.3842，−0.4626）（终点：75.1002，−9.9726）

N22：B0B5127B5127GYL4

（直线起点：75.1002，−9.9726）（终点：75.1002，−15.0996）

N23：B13200B0B13200GXL3

（直线起点：75.1002，−15.0996）（终点：61.9002，−15.0996）

N24:B0B8100B8100GYL2

（直线起点：61.9002，－15.0996)（终点：61.9002，－6.9996)

N25:B4900B0B9800GYNR1

（圆弧起点：61.9002，－6.9996)（终点：52.1002，－6.9996)

（圆心：57.0000，－7.0000)（半径:4.9000)

N26:B0B8100B8100GYL4

（直线起点：52.1002，－6.9996)（终点：52.1002，－15.0996)

N27:B10539B0B10539GXL3

（直线起点：52.1002，－15.0996)（终点：41.5612，－15.0996)

N28:B2698B4673B4673GYL2

（直线起点：41.5612，－15.0996)（终点：38.8632，－10.4266)

N29:B1863B3426B11874GXNR4

（圆弧起点：38.8632，－10.4266)（终点：35.1381，－10.4271)

（圆心：37.0000，－7.0000)（半径:3.9000)

N30:B2699B4673B4673GYL3

（直线起点：35.1381，－10.4271)（终点：32.4391，－15.1001)

N31:B6485B0B6485GXL3

（直线起点：32.4391，－15.1001)（终点：25.9541，－15.1001)

N32:B26154B15100B26154GXL2

（直线起点：25.9541，－15.1001)（终点：－0.1999，－0.0001)

N33:B4800B0B4800GXL3

（直线起点：－0.1999，－0.0001)（终点：－4.9999，－0.0001)

N34:DD

四、CAXA 线切割 XP 位图矢量化

复杂图形的程序编写一般采用软件自动编程的方法来完成。这就需要技术人员在绘图软件中把图形绘制出来，然后生成加工代码。但一些复杂图形（如图形、照片）往往绘制起来比较复杂且准确度低，CAXA 线切割软件的位图矢量化功能可以对图形或照片进行轮廓的提取，生成矢量化的图形，再进行矢量图的修改，直至能形成加工指令。

1.位图的选取与对比度调整

在百度上搜索图案，文件一般为 JPEG 或 BMP 格式。例如，搜索马的图片，并将马图片保存到计算机中。利用 photoshop 等软件的图像处理功能对马的位图的对比度和亮度进行调解，使其达到矢量化操作的最佳状态，如图 5.37(a)所示。

2.利用 CAXA 线切割软件的矢量化功能进行位图的轮廓提取与修改

（1)单击主菜单"绘制—高级曲线—位图矢量化—矢量化"。

（2)选择已保存的位图，调入位图文件，软件出现选择位图矢量参数，修改后的参数为

1:描亮色域边界 ▼ 2:直线拟合 ▼ 3:指定宽度 ▼ 4:精细 ▼ ，回车。

(a) 位图

(b) 矢量化后的图形

(c) 修整后能够切割的图形

图 5.37　马图的矢量化

(3)修改指定宽度为 1:，回车。

(4)单击主菜单"绘制—高级曲线—位图矢量化—隐藏位图",出现图 5.37(b)所示图形。

(5)在图 5.37(b)上移动鼠标滚轮将图形放大,删除多余线条,然后通过基本曲线的绘制功能及曲线编辑功能,进行精细的修图,修改后的轮廓一定是首尾相连,不得有重复线条,这样才能形成加工轨迹,如图 5.37(c)所示。

3. 生成加工轨迹

(1)单击主菜单"线切割—轨迹生成",进行切割参数的设置,点击马轮廓图形,选择图形外侧的补偿方向,此过程可参考多功能角度样板加工轨迹的形成。

(2)在图形的外侧设置穿丝点和退出点。

(3)选择图形仿真功能对图形进行加工仿真,检查加工轨迹是否合理。

4. 生成 3B 加工代码

选择线切割图形生成 3B 代码,其形成方法可参考多功能角度样板的 3B 加工代码的生成过程,因代码比较长,这里省略。

思考与练习

1. 利用 CAXA 软件画出图 5.38 所示的 6 个零件图,并生成加工轨迹及 3B 代码。

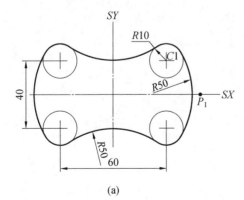

图 5.38　零件图

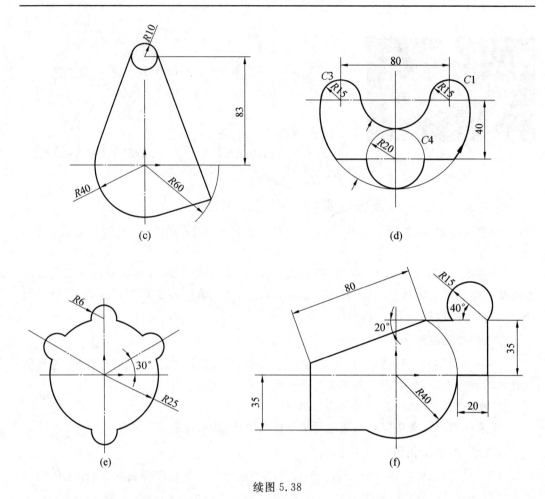

续图 5.38

2. CAXA 软件如何对图片进行位图矢量化？

实操评量表

学生姓名：_____ 学号：_____ 班级：_____

序号	考核项目	项目	子项目	个人评价	组内互评	教师评价
1	知识目标达成度	CAXA软件编程的基础知识20%	搜集信息5%			
			信息学习8%			
			引导问题回答7%			
2	能力目标达成度	任务实施、检查60%	工件装夹、校正15%			
			确定穿丝孔的位置10%			
			电极丝定位及校正15%			
			电参数的选择10%			
			加工质量10%			
3	职业素养达成度	团结协作10%	配合很好5%			
			服从组长安排3%			
			积极主动2%			
		敬业精神10%	学习纪律10%			
评语						

任务六　吊钩的线切割加工

实操任务单

任务引入：在实际生产中经常遇到工件需要多次切割的情况，如图 6.1 所示的吊钩。利用线切割加工首先要切割直径为 60 mm 的孔，再在毛坯上切割吊钩的外部轮廓。同一零件需要用线切割加工两次以上，最好用跳步方式切割加工。跳步加工就是将多个切割加工程序合成一个程序，省去每次加工电极丝定位的过程，提高加工效率。

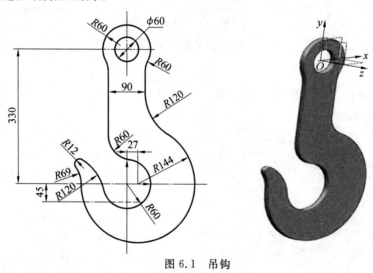

图 6.1　吊钩

教学目标	**知识目标：** 1.熟悉 HL 线切割软件的界面、操作和主要功能 2.掌握和绘制简单工件的图形 3.掌握对图形进行自动编程，生成 ISO 代码和 3B 代码 **能力目标：** 1.具有采用 HL 线切割软件进行绘制和编辑工件图形的能力 2.确定切割参数，设定切割补偿量，生成加工轨迹 3.对加工轨迹进行仿真，以验证加工轨迹的正确性 4.将加工轨迹生成 3B 代码 **素质目标：** 1.做到安全操作，具有良好的职业道德 2.能够吃苦耐劳，具有工匠精神
使用器材	线切割加工机床，钼丝，工件，游标卡尺，百分表等

续表

实操步骤及要求：

一、任务分析

1. HL 控制系统下 Towedm 线切割软件的界面、操作和主要功能

2. 利用 Towedm 线切割软件绘制工件的图形

3. 采用跳步方式切割加工

4. 需要准备加工 2 个穿丝孔

二、任务计划

1. 讲解 Towedm 线切割软件的界面、操作和主要功能

2. 讲解直线、圆弧和圆的绘制

3. 分组进行电极丝的上丝及穿丝

4. 分组进行电极丝的校正

5. 确定穿丝孔位置和加工方向

6. 变换切割参数进行加工，体会参数对加工速度、质量、精度的影响

三、任务准备

1. Towedm 线切割软件的基础理论

2. 存储程序

3. 加工穿丝孔

4. 穿丝

5. 电极丝校正

6. 工件准备

7. 机床检查

四、任务实施

1. 工件的装夹及校正

2. 穿好电极丝

3. 校正电极丝

4. 电极丝定位

5. 调出程序，仿真加工确定加工轨迹

6. 确定切割参数

7. 调整加工规准，进行加工

8. 比较各组的加工质量及加工精度

五、任务思考

本任务电极丝为何只定位一次

知 识 链 接

快速走丝线切割加工机床一般主要采用 HL 或 HY 控制系统，其中 HL 控制系统是目前国内最受欢迎的线切割加工机床控制系统之一。

一、HL 线切割控制系统主要功能

HL 线切割控制系统主要功能见表 6.1。

表 6.1　HL 线切割控制系统主要功能

序号	主要功能
1	可在一个计算机上同时控制多达四部机床切割不同的工件，并可一边加工，一边编写程序
2	锥度加工采用四轴/五轴联动控制技术。上下异形和简单输入角度两种锥度加工方式，使锥度加工变得快捷、容易，也可做变锥及等圆弧加工
3	模拟加工，可快速显示加工轨迹特别是锥度及上下异形工件的上下面加工轨迹，并显示终点坐标结果
4	断电保护，如加工过程中突然断电，复电后，自动恢复各台机床的加工状态。系统内储存的文件可长期保留
5	浏览图库，可快速查找所需的文件
6	具有钼丝偏移补偿（无须加过渡圆），加工比例调整，坐标变换，循环加工，步进电机限速，自动短路回退等多种功能
7	可从任意段开始加工，到任意段结束。可正向/逆向加工
8	可随时设置（或取消）当段指令完成后暂停
9	暂停、结束、短路自动退回及长时间短路(1 min)报警

二、HL 线切割控制系统的编程

HL 线切割控制系统主要有 Towedm 和 AUTOP 编程系统，这里主要介绍 Towedm 编程系统。

Towedm 线切割编程系统，是一个中文交互式图形线切割自动编程软件，利用键盘、鼠标等输入设备，按照屏幕菜单的显示及提示，只需将加工零件图形画在屏幕上，系统便可自动生成所需数控程序。同时显示加工路线，进行动态仿真。

（一）HL 线切割 Towedm 编程系统操作界面的认识

启动 HL 线切割的 Towedm 编程系统后，进入系统的主界面如图 6.2 所示。主界面包括图形显示区、主菜单区（也称可变菜单区）、固定菜单区和会话区四部分。

1. 图形显示区

图形显示区即为绘图功能区，是用户进行绘图设计的主要工作区域，它占据了屏幕的

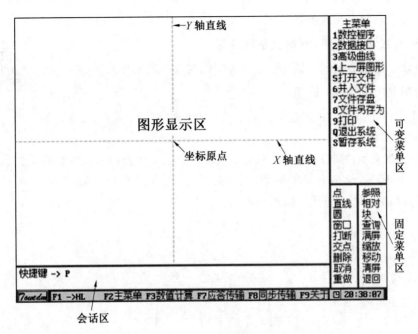

图 6.2　Towedm 编程系统主界面

大部分面积。图形显示区的中央部位有一个垂直坐标系,在绘图区用鼠标或键盘输入的点,均以该坐标系为基准,两坐标轴的交点即为坐标原点(0,0)。

2.主菜单区

Towedm 编程系统的主菜单区如图 6.2 所示,下面主要介绍其中的数控程序菜单、数据接口菜单及高级曲线菜单。

(1)数控程序菜单。单击"数控程序",根据会话区的不同提示,对已绘制好的零件图形进行数控加工路线的生成。

(2)数据接口菜单。单击"数据接口",会话区提示 2 个并入、1 个输出。

①DXF 文件并入。单击"DXF 文件并入",是将 AutCAD 的 DXF 格式图形文件调入当前正在编辑的线切割图形文件中,即在图形显示区出现利用 AutCAD 软件绘制的图形,但支持的版本较低。

②输出 DXF 文件。单击"输出 DXF 文件",将当前正在绘制的零件图文件输出为 AutCAD 的 DXF 格式图形文件。

③3B 并入。单击"3B 并入",将系统已经存在的 3B 文件以图形出现在系统的图形显示区。

(3)高级曲线菜单。单击"高级曲线",系统进入高级曲线菜单,可以进行椭圆、螺旋线、抛物线、渐开线、标准齿轮及自由齿轮的绘制。

3.固定菜单区

固定菜单区主要是绘制基本曲线以及进行曲线编辑的菜单区域。

4.会话区

屏幕的底部为会话区,它包括当前点坐标值的显示、操作信息提示、菜单状态提示、点捕捉状态提示和命令与数据输入等。

(二)HL 线切割 Towedm 编程系统绘图

下面以本任务加工的吊钩(图 6.1)为例说明具体的操作步骤。

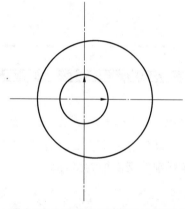

* 吊钩的画法

1.绘制 R60 和 R144 的圆

(1)点击固定菜单区的"圆",在可变菜单区出现"圆"的菜单,选择菜单中的"圆心＋半径"。

(2)会话区显示:"圆心<X,Y>",用键盘输入圆心坐标为(0,0),回车;"半径<R>",输入半径为 60,回车,绘制出 R60 的圆;同理,用键盘输入圆心坐标为(27,0),回车,半径为 144,回车,绘制出 R144 的圆,如图 6.3 所示。

图 6.3　绘制 R60 和 R144 的圆

2.绘制直径为 60 和半径为 60 的圆

用键盘输入圆心坐标为(0,330),半径为 60,回车,绘制出半径为 60 的圆;用键盘输入圆心坐标为(0,330),半径为 30,回车,绘制出直径为 60 的圆,如图 6.4 所示。

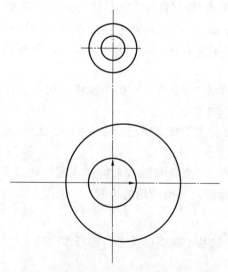

图 6.4　绘制直径为 60 和半径为 60 的圆

3.绘制间距为 90 的平行直线

(1)点击固定菜单区的"直线",在可变菜单区出现"直线"的菜单,选择菜单中的"直线平移"。

(2)会话区显示:"选定直线 ＝",单击 Y 轴轴线为选定直线。

(3)会话区显示:"平移距离＜D＞＝ ",键盘输入 45,回车。

(4)会话区显示:"直线 ＜Y/N? ＞",即为图形显示区刚平移的直线是不是需要的方向直线,如果是,输入 Y;如不是,输入 N,回车,绘出两条直线,如图 6.5(a)所示。

(5)因 Y 轴轴线为辅助线,平移的直线也为辅助线,点击可变菜单区"直线"菜单中的"二点直线",选取直线的端点为 1 和 2、直线的端点为 3 和 4,绘制出如图 6.5(b)所示的两条平行直行 L1、L2。

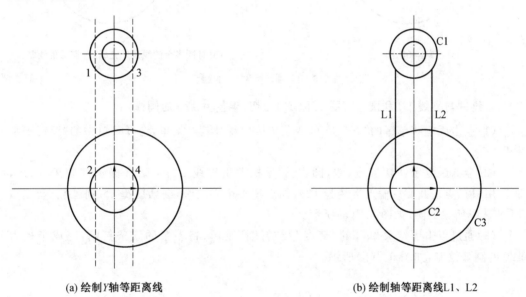

(a)绘制 Y 轴等距离线　　　　　　　　　　　　(b)绘制轴等距离线 L1、L2

图 6.5　绘制间距为 90 的平行直行

4.绘制与直线 L1 和圆 C1 及直线 L2 和圆 C1 相切的圆弧

(1)点击固定菜单区的"圆",在可变菜单区出现"圆"的菜单,选择菜单中的"双切＋半径"。

(2)会话区提示:"切于点,线,圆 ",用鼠标单击 C1 圆;会话区提示:"切于点,线,圆",用鼠标单击直线 L1;输入半径为 60,如出现多个圆,会话区提示:圆＜Y/N? ＞,用 Y 选择所要的圆;同理点击 C1 圆、直线 L2,输入半径为 60,绘制完成,如图 6.6(a)所示。

(3)点击固定菜单中的"交点",捕捉图 6.6(a)中的交点 5、6;捕捉图 6.6(a)中的交点7、8。操作完成后按[ESC]键退出。

(4)点击固定菜单中的"打断",点击 5、6 点左侧圆弧,左侧圆弧被打断;点击 7、8 点右侧圆弧,右侧圆弧被打断;点击 5、7 点之间的圆弧,5、7 点之间的圆弧被打断,如图 6.6(b)所示。

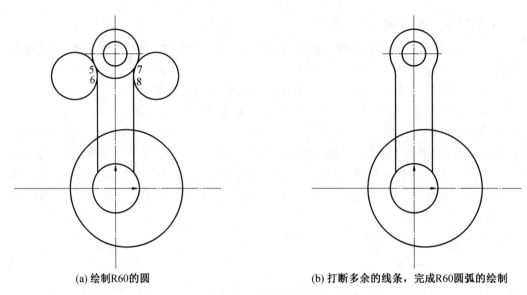

(a) 绘制R60的圆   (b) 打断多余的线条，完成R60圆弧的绘制

图 6.6　绘制直径为 60 的圆弧

5. 绘制与直线 L2 和圆 C3(图 6.5(b))相切、半径为 120 的圆弧

(1)点击固定菜单区的"圆"，在可变菜单区出现"圆"的菜单，选择菜单中的"双切＋半径"。

(2)会话区提示："切于点，线，圆"，用鼠标单击直线 L2；会话区提示："切于点，线，圆"，用鼠标点击圆 C3；输入半径为 120，如出现多个方向圆，会话区提示：圆＜Y/N？＞，用 Y 选择所要的圆，如图 6.7(a)所示。

(3)通过点击固定菜单区的"交点"及"打断"菜单，将多余的线条打断，完成半径为 120 的圆弧绘制，如图 6.7(b)所示。

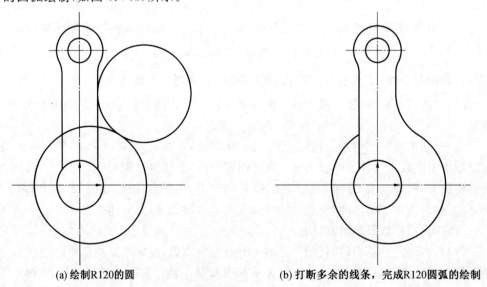

(a) 绘制R120的圆   (b) 打断多余的线条，完成R120圆弧的绘制

图 6.7　绘制 R120 的圆弧

6.绘制与直线 L1 和圆 C2(图 6.5(b))相切、半径为 60 的圆弧

(1)点击固定菜单区的"圆",在可变菜单区出现"圆"的菜单,选择菜单中的"双切＋半径"。

(2)会话区提示:"切于点,线,圆 ",用鼠标点击直线 L1;会话区提示:"切于点,线,圆",用鼠标点击圆 C2;输入半径为 60,如出现多个方向圆,会话区提示:圆 ＜Y/N? ＞,用 Y 选择所要的圆,如图 6.8(a)所示。

(3)通过点击固定菜单区的"交点"及"打断"菜单,将多余的线条打断掉,完成半径为 60 的圆弧绘制,如图 6.8(b)所示。

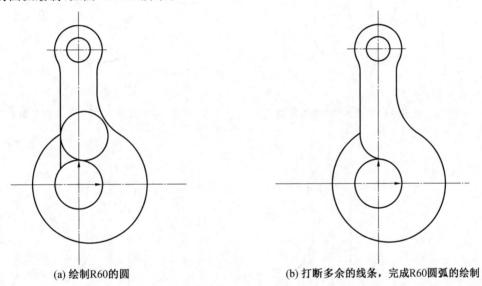

(a) 绘制R60的圆　　　　　　　　　　(b) 打断多余的线条，完成R60圆弧的绘制

图 6.8　绘制 R60 的圆弧

7.绘制吊钩尾部

(1)确定吊钩尾部 R120 圆弧的圆心:条件一是在与水平中心线距离为 45 的等距离线上;条件二是尾部 R120 圆弧与 R60 即 C2 圆(图 6.5(b))相外切,所以圆心必在以原点为圆心、半径为 180 的圆 C4 与等距线 45 相交处,结果得到圆心点为交点 9,如图 6.9 所示。

(2)确定吊钩尾部 R69 圆弧的圆心:条件一是在水平中心上;条件二是与 R144 圆弧相外切,以点(27,0)为圆心、半径 213 画圆,结果得到圆心点为交点 10,如图 6.10 所示。

(3)点击固定菜单区的"圆",在可变菜单区出现"圆"的菜单,选择菜单中的"圆心＋半径",分别以 9、10 点为圆心,120、69 为半径画圆,如图 6.11 所示。

(4)通过点击固定菜单区的"交点"及"打断"菜单,将多余的线条打断,完成吊钩尾部 R120 圆弧及 R69 圆弧的绘制,如图 6.12 所示。

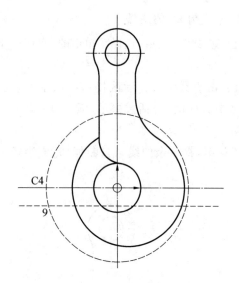

图 6.9　确定吊钩尾部 R120 圆弧的圆心

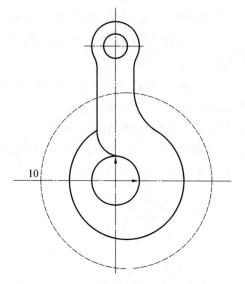

图 6.10　确定吊钩尾部 R69 圆弧的圆心

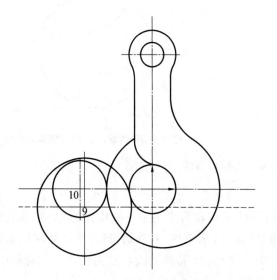

图 6.11　绘制 R120、R69 的圆

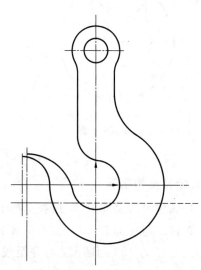

图 6.12　打断多余的线条,完成尾部
R120、R69 的绘制

(5)绘制吊钩尾部 R12 过渡圆弧。

①点击固定菜单区的"圆",在可变菜单区出现"圆"的菜单中,选择菜单中的"双切＋半径",绘制分别与 R120,R69 的圆弧线相切,半径为 12 的圆,如图 6.13 所示。

②通过点击固定菜单区的"交点"及"打断"菜单,将多余的线条打断,完成吊钩尾部 R12 过渡圆弧的绘制,吊钩绘制完毕,如图 6.14 所示。按[ESC]键退出 ,返回系统主界面。

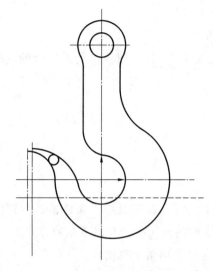
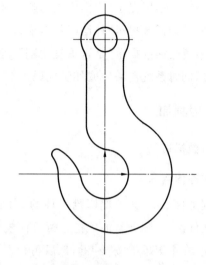

图 6.13 绘制 R12 的圆　　　　　　图 6.14 打断多余的线条,完成尾部 R12 过渡
　　　　　　　　　　　　　　　　　　　　　　圆弧的绘制

(三)HL 线切割 Towedm 编程系统加工轨迹及加工代码的生成

1. $\phi60$ 孔的线切割加工轨迹及加工代码的生成

(1)点击图 6.2 主菜单中的"数控程序",再单击加工路线,系统会话区提示输入"加工起始点"。加工起始点的位置也是穿丝孔的位置,根据"任务三"中穿丝孔位置的确定原则:一般是选在距离形孔边缘 2～5 mm 处,所以本任务选择加工起始点坐标为(25,330),回车。

* HL 线切割 Towedm
编程系统加工轨迹
及加工代码的生成

(2)系统会话区提示"输入切入点",输入切入点坐标为(30,330),回车。

(3)系统会话区"选择加工方向＜Y/N？＞",选择顺时针加工,出现顺时针加工箭头,用键盘输出"Y",回车。

(4)系统会话区提示"给出尖点圆弧半径",忽略,回车。

(5)系统会话区提示"补偿间隙",输入−0.1(电极丝直径为 0.18 mm,单边放电间隙为 0.01 mm,根据系统补偿原则,"左正右负",按顺时针加工时,为右补偿)。

(6)系统会话区提示"是否重复切割",键盘输入"N",回车,完成 $\phi60$ 孔的线切割加工轨迹,同时系统自动生成加工代码。

2.吊钩外轮廓的线切割加工轨迹及加工代码的生成

(1)单击加工路线,系统会话区提示"取消旧路线＜Y/N？＞",单击"N",回车。

(2)系统会话区提示输入"加工起始点",输入(0,395),回车。

(3)系统会话区提示"输入切入点",输入切入点坐标为(0,390),回车。

(4)系统会话区"选择加工方向＜Y/N？＞",选择顺时针加工,出现顺时针加工箭头,用键盘输出"Y",回车。

(5)系统会话区提示"给出尖点圆弧半径",忽略,回车。

(6)系统会话区提示"补偿间隙",输入 0.1,回车。

(7)系统会话区提示"是否重复切割",键盘输入"N",回车,完成吊钩外轮廓的线切割加工轨迹,同时系统自动生成加工代码。

三、切割加工

(一)模拟切割

1. 文件的调入

切割工件之前,必须把切割工件的 3B 指令文件调入虚拟盘加工文件区。所谓虚拟盘加工文件区,实际上是加工指令暂时存放区。文件的调入主要有以下 2 种方式。

首先,在主菜单下按[F]键,然后再根据调入途径分别做下列操作:

(1)从图库调入:图库是系统存放文件的地方,按[F4]键,再按[♯]键进入图库,回车,光标移到所需文件,按[F3]键把光标移到虚拟盘,回车,再按[ESC]键退出。

(2)从硬盘调入:按[F4]键,再按[D]键,把光标移到所需文件,按[F3]键把光标移到虚拟盘,回车,再按[ESC]键退出。

2. 模拟切割

调入文件后正式切割之前,为保险起见,先进行模拟切割,避免因编程疏忽或加工参数设置不当而造成工件报废。

(1)在主菜单下按[X]键,显示虚拟盘加工文件(3B 指令文件)。

(2)光标移到需要模拟切割的 3B 指令文件,回车,即显示出加工件的图形。如图形的比例太大或太小,不便于观察,可按[＋]键和[－]键进行调整。如图形的位置不正,可按上、下、左、右箭头键及[PgUp]键与[PgDn]键调整。

(3)调整好图形后,单击模拟切割,根据系统提示,完成模拟切割全流程。

(二)切割加工

1. 工件的准备

(1)加工穿丝孔。在毛坯上通过钳工划线,钻 2 个 φ3 mm 的穿丝孔,如图 6.15 所示,并清理孔内部的毛刺。

(2)工件的装夹与校正。将工件毛坯装夹在工作台上,根据工件形状分析,装夹方法采用两端装夹方式并对工件进行校正。

(3)坐标轴的转换。按[F3]键,调出加工参数设置,根据工件的实际装夹方向,选择加工时需要的坐标轴方向。

2. 电极丝的准备

(1)用校正块校正电极丝的垂直度(具体参见任务三)。

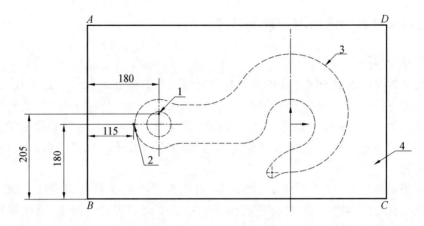

图 6.15　加工穿丝孔

1—切割 φ60 孔的穿丝孔；2—切割吊钩外轮廓的穿丝孔；3—虚线为待加工的吊钩外轮廓；4—毛坯

（2）电极丝的定位。将电极丝穿入图 6.15 所示的穿丝孔 1 中，将电极丝中心定位到穿丝孔 1 的中心（具体参见任务三的电极丝定位法），确保电极丝中心与切割起点坐标重合。

3.电参数的选择

本任务是学生实操项目，精度和表面质量要求不高，可参考表 6.2 选择电参数。

表 6.2　线切割参数表

工件厚度/mm	加工电压/V	加工电流/A	脉宽档位/档	间隔微调（位置）	脉冲幅度/级
≤15	70	0.8~1.8	1~5	中间	3
15~60	70	0.8~2.0	2~6	中间	5
50~99	90	1.2~2.2	3~5	中间	7
100~150	90	1.2~2.4	3~5	间隔变大	9
150~200	110	1.8~2.8	3~5	间隔变大	9
200~250	110	1.8~2.8	3~5	间隔变大	9
250~300	110	1.8~2.8	3~5	间隔变大	11

4.切割加工

按［F12］键锁进给，按［F11］键开高频，并开启储丝筒、工作液泵，才可进行正式切割。因吊钩加工需要两次切割，第一次切割 φ60 孔后，机床需暂时停下，操作者拆下电极丝，再按机床上的"空格键"，机床将快速移动到第 2 个穿丝孔（图 6.15）的位置上，将钼丝穿过第 2 个穿丝孔，再次按"空格键"，机床将加工吊钩的外轮廓。

四、切割过程中常出现问题的处理

1. 跟踪不稳定

线切割加工中虽然变频进给电路能自动跟踪蚀除速度并能保持一定的放电间隙,但如果设置的进给速度太小或太大,跟踪不稳定,电火花放电状态也不稳定,均会影响加工速度。实际加工中可以通过观察电压表和电流表指针的变化情况,判断放电状态。如果电压表和电流表指针的变化大,说明加工不稳定;如果电压表和电流表指针基本平稳,说明加工稳定。

如果跟踪不稳定,按[F3]键后,用向左、右箭头键调整变频值,直至跟踪稳定为止。当切割厚工件跟踪难以调整时,可适当调低步进速度值后再进行调整,直至跟踪稳定为止,调整完后按[ESC]键退出。

2. 短路回退

发生短路时,如在切割参数中设置为自动回退,数秒钟后(由设置数字而定),则系统会自动回退,短路排除后自动恢复前进。持续回退 1 min 后短路仍未排除,则自动停机报警。如果切割参数中设置为手动回退,则需人工处理:先按空格键,再按[B]键进入回退。短路排除后,按空格键,再按[F]键恢复前进。如果短路时间持续 1 min 后无人处理,则自动停机报警。

3. 临时暂停

按空格键暂停,按[C]键恢复加工。

4. 中途停电

切割中途停电时,系统自动保护数据。复电后,系统自动恢复各机床停电前的工作状态。首先自动进入加工的零件图画面,此时按[C]键和[F11]键即可恢复加工,然后按[ESC]键退出。

5. 中途断丝

切割中途断丝后,按空格键,分别再按[W]键、[Y]键、[F11]键和[F10]键,拖板即自动返回加工起点。这时再进行二次穿丝。

6. 逆向切割

切割中途断丝后,可采用逆向切割,这样一方面可避免重复切割、节省时间,另一方面可避免因重复切割而引起的光洁度及精度下降。操作方法:在操作系统主菜单下选择"加工",回车,再按[C]键,调入指令后按[F2]键,回车,锁进给,选自动,开高频即可进行切割。

思考与练习

利用快速走丝线切割加工机床加工图 6.16 所示零件。

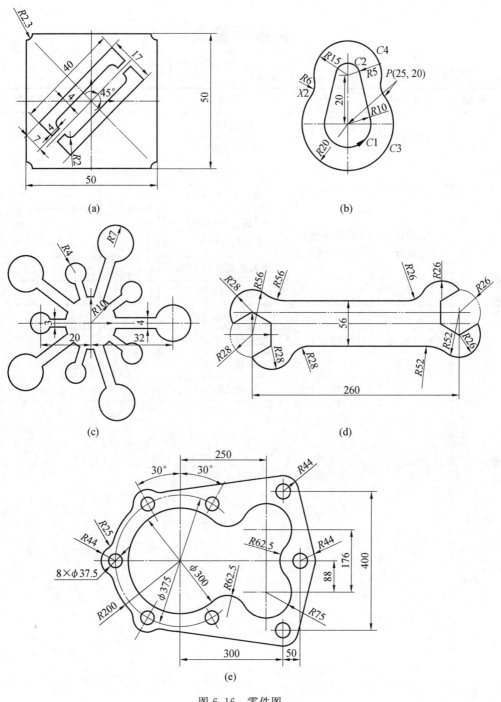

图 6.16　零件图

实操评量表

学生姓名：_____　学号：_____　班级：_____

序号	考核项目	项目	子项目	个人评价	组内互评	教师评价
1	知识目标达成度	HL 控制系统编程基础知识 20%	搜集信息 5%			
			信息学习 8%			
			引导问题回答 7%			
2	能力目标达成度	任务实施、检查 60%	工件装夹、校正 15%			
			形成合理的加工轨迹的使用 25%			
			电参数的选择 10%			
			加工质量 10%			
3	职业素养达成度	团结协作 10%	配合很好 5%			
			服从组长安排 3%			
			积极主动 2%			
		敬业精神 10%	学习纪律 10%			
评语						

任务七　上下异形零件的线切割加工

实操任务单

任务引入：如图 7.1 所示为上下异形零件，即零件的上平面是边长为 7 mm 的正六边形，下平面是直径为 30 mm 的圆。由于加工工件的上、下表面为不同形状，且尺寸不同，因此采用锥度切割。

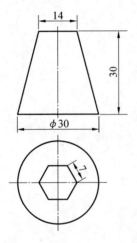

图 7.1　上下异形零件

教学目标	**知识目标**： 1. 熟悉 AutoCut CAD 绘图软件的界面、操作和主要功能 2. 掌握多次切割的基本工艺 3. 了解四轴联动线切割加工上下异形零件的基本知识 **能力目标**： 1. 具有使用 AutoCut CAD 线切割软件进行绘制和编辑工件图形的能力 2. 能够对多次线切割加工工艺参数的确定 3. 学会切割锥度零件 **素质目标**： 1. 做到安全操作，具有良好的职业道德 2. 能够吃苦耐劳，具有工匠精神
使用器材	线切割机床，钼丝，工件，游标卡尺，百分表等

续表

实操步骤及要求：

一、任务分析

通过上下异形零件线切割加工，使学生掌握如下：

1.掌握 AutoCutCAD 绘图软件的界面、操作和主要功能

2.掌握多次线切割加工工艺

3.学会锥度加工

二、任务计划

1.讲解 AutoCutCAD 绘图软件的界面、操作和主要功能

2.讲解多次线切割工艺

3.学习锥度切割的基础理论

4.变换加工参数，体会加工参数对加工速度、质量、精度的影响

三、任务准备

1.切割上下异形零件锥度时需要的参数

2.绘制上下异形件，生成加工程序

3.工件的准备

4.电极丝的准备

5.线切割加工机床检查

四、任务实施

1.工件的装夹校正

2.穿好电极丝

3.手动方式将电极丝移到毛坯右侧

4.调出程序，仿真加工，确定加工轨迹

5.确定线切割加工参数

6.调整加工规准，进行加工

7.比较各组加工质量及加工精度

五、任务思考

1.锥度加工有几种

2.锥度零件切割时，一般工件比较厚，参数确定时要注意哪些

知 识 链 接

我们知道，线切割加工机床除了大家熟悉的 X、Y 轴外，还有与 X、Y 轴平行的 U、V 两轴（图 3.10）。实际生产中通过调整 U、V 两轴，即可将电极丝倾斜一个角度，就可以进行锥度切割；如果 U、V 轴与 X、Y 轴的运动轨迹形状不同，就可以进行上下异形零件的切割。快速走丝线切割加工机床和中速走丝线切割加工加床都可以进行上下异形零件的加工，本任务采用中速走丝线切割加工机床进行加工。前面介绍过中速走丝机床的走丝机构和快速走丝机床的走丝机构基本一样，由于它能进行多次切割，加工的质量趋于慢速走丝机床。

目前,中速走丝机床主要使用的是 AutoCut 编程控制系统,首先利用 CAD 软件绘制加工图形,然后该图形进行线切割工艺处理,生成线切割加工的二维或三维数据,并进行零件加工。

一、AutoCutCAD 绘图软件界面简介

AutoCutCAD 绘图软件工作界面包括菜单栏、工具栏、绘图窗口、捕捉栏和命令行窗口等,如图 7.2 所示。

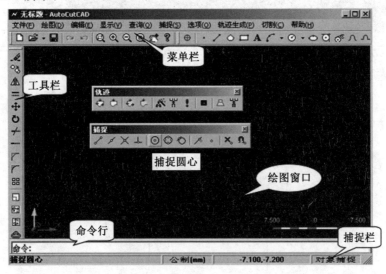

图 7.2　AutoCutCAD 绘图软件工作界面

点击菜单栏中菜单项可打开下拉菜单,也可点击工具栏上的按钮启动相应的功能。工具栏按钮上的功能在菜单项中都能找到,工具栏提供了对菜单项功能的快捷访问方式。当将鼠标指向工具栏上的按钮时,描述性文字将出现在按钮附近,状态栏中将对此给以更加详细的描述。关于如何利用 CAD 软件绘制加工图形,这里不详细阐述。

二、AutoCutCAD 线切割软件的轨迹设计

在 AutoCutCAD 线切割软件中有三种设计轨迹的方法:生成加工轨迹、多次加工轨迹和生成锥度加工轨迹,如图 7.3 所示。其中生成加工轨迹主要是生成快速走丝的加工轨迹,与任务五、任务六生成基本相同。

(一)多次加工轨迹

1.多次切割加工

线切割多次切割加工工艺与机械制造工艺一样,先粗加工,后精加工;先采用较大的电流和补偿量进行粗加工,然后逐步用小电流和小补偿量一步一步精修,从而达到高精度和低粗糙度。例如,加工凸模(或柱状零件)如图 7.4(a)所示,在第一次切割加工完成时,凸模就与工件毛坯本体分离,第二次切割加工将切割不到凸模。所以在切割凸模时,大多采用图 7.4(b)所示的方法。

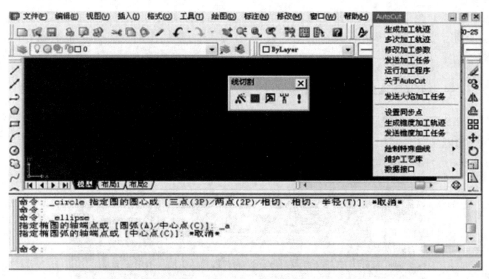

图 7.3　AutoCutCAD 线切割模块主界面

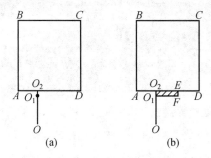

图 7.4　凸模的多次切割

如图 7.4(b)所示,第一次切割加工的路径为 $O-O_1-O_2-A-B-C-D-E-F$,第二次切割加工的路径为 $F-E-D-C-B-A-O_2-O_1$,第三次切割加工的路径为 $O_1-O_2-A-B-C-D-E-F$。这样,当 $O_2-A-B-C-D-E$ 部分加工好,O_2E 段作为支撑尚未与工件毛坯分离。O_2E 段的长度一般为 AD 段的 1/3 左右,太短了则支撑力可能不够,在实际中采用的处理最后支撑段的工艺方法很多,下面介绍常见的几种:

(1)首先沿 O_1F 切断支撑段,在凸模上留下图 7.4(b)凸模多次切割一凸台,然后再在磨床上磨去该凸台。这种方法应用较多,但对于圆柱等曲边形零件则不适用。

(2)在以前的切缝中塞入铜丝、铜片等导电材料,再对 O_2E 段多次切割。

2.生成多次切割加工轨迹

(1)点击图 7.3 中菜单栏上的"AutoCut"下拉菜单,选"多次加工轨迹"菜单项,或者点击捕捉栏上的 ■ 按钮,会弹出系统默认多次加工轨迹对话框,如图 7.5 所示。

(2)根据要加工零件的实际技术要求,合理填写加工的各个参数。也可以点击"到数据库"参考,选择好各个参数后,在多次加工轨迹对话框中,点击"确定"后,多次加工的参数设置完成。

(3)多次加工参数设置完成后,在 AutoCutCAD 软件的命令行提示栏中(图 7.2)会提示"请输入穿丝点坐标",可以手动在命令行中用相对坐标或者绝对坐标的形式输入穿丝

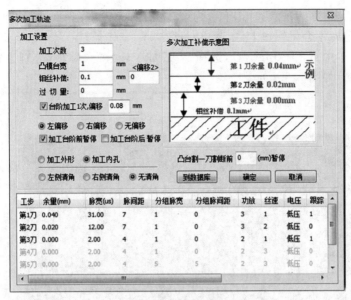

图 7.5　"多次"加工轨迹对话框

点坐标,也可以点击鼠标左键在屏幕上选择一点作为穿丝点坐标。

(4)穿丝点确定后,命令行会提示"请输入切入点坐标"。这里要注意,切入点一定要选在所绘制的图形上,否则是无效的,切入点的坐标可以手动在命令行中输入,也可以用鼠标在图形上选取任意一点作为切入点。

(5)切入点选中后,命令行会提示"请选择加工方向完成"。晃动鼠标可以看出加工轨迹上的红、绿箭头交替变换,在绿色箭头一方点击鼠标左键,确定加工方向,或者回车,完成加工轨迹的拾取,轨迹方向将是当时绿色箭头的方向。至此,多次加工轨迹形成完成。

注意如下参数。

①余量:两次切割之间的距离,单位为毫米(mm);

②脉宽:0.5~250 微秒(μs);

③脉冲间距:1~30 倍脉宽之间;

④分组脉宽:1~30 个脉冲之间;

⑤分组间距:1~30 倍之间;

⑥功放管数:1~6 个之间;

⑦运丝速度:0~3 之间(0、3 是代号,0 代表运丝速度为 1 000 r/min,3 代表运丝速度为 2 000 r/min);

⑧加工电压:高压或低压;

⑨跟踪:可以调节跟踪的稳定性,数值越小跟踪越紧,0 为不设置跟踪;

⑩加工限速:加工时的最快速度,0 为不设置。

(二)生成锥度加工轨迹

锥度的加工轨迹主要有上下异形面的锥度、指定锥度角的锥度,下面我们以本任务(图 7.1)为例,对上下异形面的锥度进行加工。

上下异形零件加工时,钼丝的穿丝点必须是相同的,这就意味着起刀点是相同的,切割工件时,应该是上面为正六边形,下边为圆,上面的面积小,下面的面积大,这样可使工件切割完毕下落时不会将钼丝卡住,造成断丝。

(1)在主菜单中点击"AutoCut",选择"生成加工轨迹"菜单项,分别生成上表面和下表面的加工轨迹,如图7.6所示。

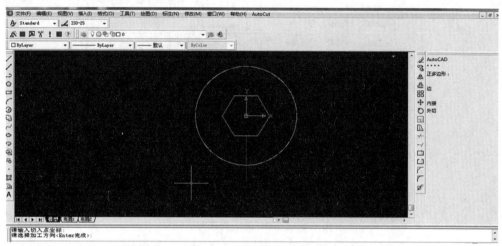

图 7.6　分别生成上表面和下表面的加工轨迹

(2)点击"AutoCut",选择"生成锥度加工轨迹"菜单项,会弹出如图7.7所示的锥度加工参数设置对话框,设置好各参数后点击"确定"。

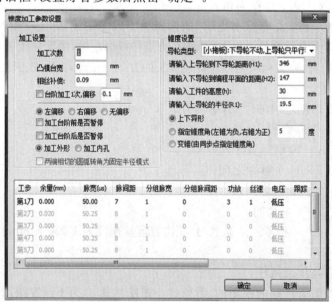

图 7.7　锥度加工参数设置

注意:锥度加工参数的含义如下。

①上导轮到下导轮距离:上导轮圆心到下导轮圆心的距离,单位为毫米(mm);

②下导轮到编程平面的距离:下导轮圆心到工作台(工件下表面)的距离,单位为毫米(mm);

③工件的高度：工件上表面到工件下表面的距离，即上下编程面的距离，单位为毫米(mm)；

④上导轮半径：机床上导轮半径，单位为毫米(mm)；

⑤下导轮半径：机床下导轮半径，单位为毫米(mm)；

⑥上下异形：需要选择上下两个加工轨迹面；

⑦指定锥度角：指定锥度角后，只要选择一个加工轨迹面，系统自动生成相应的锥度图形。

(3)点击"确定"后，软件命令行提示栏中提示"请选择上表面"，选择上表面并已经生成的加工轨迹后，命令行会提示"请选择下表面"，再选择下表面并已经生成加工轨迹后，会提示"请输入新的穿丝点"，可以手动在命令行中用相对坐标或者绝对坐标的形式输入新的穿丝点坐标，也可以点击鼠标左键在屏幕上选择一点作为新的穿丝点坐标，如图7.8(a)所示；点击主菜单"视图"下拉菜单中"三维动态观察器"可以看到如图7.8(b)所示的三维效果。

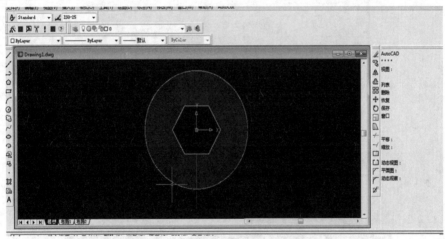

(a)上、下异形零件锥度加工轨迹

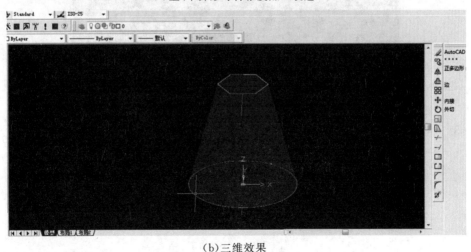

(b)三维效果

图7.8　上下异形零件轨迹生成

三、发送加工任务

在 AutoCAD 线切割模块(即 AutoCutCAD)中有三种进行轨迹加工的方式,即发送加工任务、运行加工程序和发送锥度加工任务,如图 7.3 所示。

将图 7.8 所示的上下异形零件轨迹生成后,点击菜单栏上的"AutoCut",下拉菜单中选择"发送锥度加工任务",就会弹出如图 7.9 所示的选卡对话框,点击选中"1 号卡"。在没有控制卡的时候可以点击"虚拟卡"看演示效果,命令行会提示"请选择对象",用鼠标左键点击选取图 7.8 所形成加工轨迹,再点击鼠标右键,即可将锥度加工任务发送到控制软件中,如图 7.10 所示。

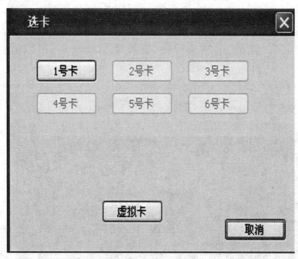

图 7.9　选卡对话框

图 7.10　模拟加工

思考与练习

1. 线切割加工上下异形零件时需要设置哪些参数？

2. 设计切割一个上平面是直径为 10 mm 的圆，下平面是边长 10 mm×10 mm 正方形的异形零件。

3. 判断题

(1) 线切割加工锥形零件后应该重新校正电极丝的垂直度。

(2) 线切割锥度加工时电极丝更容易断丝。

(3) 线切割锥度加工中相关参数的设置将影响到零件的加工质量。

(4) 在上下异形零件线切割加工中，机床需要四轴联动。

(5) 在线切割加工锥度完成后，应及时消除锥度。

4. 选择题

(1) 线切割机床中，机床通过（　　）轴联动可以实现锥度切割加工。

A. 2

B. 3

C. 4

D. 5

(2) 线切割加工 ISO 代码中 G50 表示电极丝（　　）。

A. 锥度左偏

B. 锥度右偏

C. 取消锥度

D. 暂停加工

(3)（　　）不能用线切割加工。

A. 锥孔

B. 上下异形零件

C. 窄缝

D. 盲孔

(4) 不能使用电火花线切割加工的材料为（　　）。

A. 石墨

B. 铝

C. 硬质合金

D. 大理石

(5) 若线切割机床的单边放电间隙为 0.01 mm，钼丝直径为 0.18 mm，则加工圆孔时补偿量为（　　）。

A. 0.19 mm

B. 0.1 mm

C. 0.09 mm

D. 0.8 mm

实操评量表

学生姓名：_____　学号：_____　班级：_____

序号	考核项目	项目	子项目	个人评价	组内互评	教师评价
1	知识目标达成度	AutoCut CAD软件使用的基础知识 20%	搜集信息 5%			
			信息学习 8%			
			引导问题回答 7%			
2	能力目标达成度	任务实施、检查 60%	多次切割轨迹生成 15%			
			锥度切割轨迹生成 15%			
			合理选择切割参数 20%			
			加工质量 10%			
3	职业素养达成度	团结协作 10%	配合很好 5%			
			服从组长安排 3%			
			积极主动 2%			
		敬业精神 10%	学习纪律 10%			
评语						

学习项目三 激光切割(雕刻)加工

任务八 校徽工艺品的激光切割(雕刻)加工

实操任务单

任务引入：

在亚克力材料上加工如图 8.1 所示的校徽图案，应采用什么样的加工方法？

亚克力材料属于塑料的一种，是可塑性高分子材料，具有较好的透明性、易染色、易加工、外观优美，因此在工艺品行业应用较为广泛。亚克力材料较金属材料熔点低，过热易变形、烧损，且切割或雕刻图案较为复杂，对于普通加工而言不易实现。加工图 8.1 所示图案，可以采用激光切割(雕刻)加工。本任务通过了解激光加工原理，学习激光切割基本概念、特点、分类及应用，实际操作激光雕刻切割机，重点掌握激光切割(雕刻)加工工艺方法。

图 8.1 校徽工艺品

教学目标	**知识目标：** 1.激光切割(雕刻)工作原理 2.激光切割(雕刻)特点及应用领域 3.激光切割(雕刻)工艺流程

续表

教学目标	能力目标： 1.能够独立绘制文件格式为 DXF 的待切割(雕刻)图样 2.掌握激光雕刻切割软件 V7.0 使用方法及参数设置 3.熟练操作激光雕刻切割机 4.针对不同材质、不同厚度材料选择合理参数范围完成切割(雕刻)工作 素质目标： 1.通过图样设计，帮助学生养成独立创新的职业素养 2.培养精工匠心的工匠精神
使用器材	激光雕刻切割机及附件，配套计算机，不同厚度亚克力板料，游标卡尺等

实操步骤及要求：

一、任务分析

1.激光切割(雕刻)亚克力材料的优点

2.如何针对校徽图样的特征及细节，选择激光切割或雕刻加工

3.如何设置激光加工参数实现图样的切割与雕刻

二、任务计划

1.观察激光雕刻切割机的结构及附件

2.操作激光雕刻切割机的注意事项

3.激光切割及雕刻图案的设计与注意要点

4.分组设计激光切割(雕刻)图案及制定工艺流程

三、任务准备

1.亚克力板材的准备

2.激光雕刻切割机的准备

3.各附件(包括冷却水等)的准备

4.激光雕刻切割软件 V7.0

4.加工辅助工具箱(对焦片、镜头擦拭工具、游标卡尺等)

四、任务实施

1.待加工图案的绘制及格式核对

2.激光切割及雕刻工艺过程制订

3.激光雕刻切割机操作

4.作品展示

五、任务思考

1.激光加工方法中切割与雕刻的区别

2.操作激光加工设备应注意哪些问题

3.影响激光切割(雕刻)质量的参数有哪些

知 识 链 接

一、激光加工的产生、特点、分类及应用

(一)激光加工的产生

激光(Light Amplification by Stimulated Emission of Radiation, Laser)是辐射的受激发射光扩大,为 20 世纪以来继核能、计算机、半导体之后,人类的又一重大发现,被称为"最快、最准、最亮的刀"。

早在 1917 年,著名物理学家爱因斯坦提出了受激辐射,发现了激光的存在。爱因斯坦提出的全新技术理论"光与物质相互作用"中阐述,组成物质的原子中,有不同数量的粒子(电子)分布在不同能级上,在高能级上的粒子要收到某种光子的激发,会从高能级跃迁到低能级上,这时会辐射出与激发它的光相同性质的光,而且在某种状态下,能出现一个弱光激发出一个强光的现象,即"受激辐射的光放大",简称激光。

1960 年,梅曼宣布世界上第一台激光器的诞生,其利用高强闪光灯管来激发红宝石,激发出一种红光。在红宝石表面钻一个孔,可以使红光从此孔溢出,产生一条相当集中的纤细红色光柱,当其射向某一点时,可达到比太阳表面还高的温度。1961 年,我国第一台红宝石激光器在中国科学院长春光学精密机械研究所研制成功。1987 年,大功率脉冲激光系统——神光装置,在中国科学院上海光学精密机械研究所研制成功,从此激光加工开启了全新篇章。

激光虽然是光,但它与普通光明显不同。激光仅在最初极短的时间内依赖于自发辐射,此后的过程完全由激辐射决定,因此激光具有非常纯正的颜色,几乎无发散的方向性。激光同时又具有高相干性、高强度性、高方向性,激光通过激光器产生后由反射镜传递并通过聚集镜照射到加工物品上,可以使加工物品(表面)受到强大的热能而温度急剧增加,使该点因高温而迅速的融化或者汽化,配合激光头的运行轨迹从而达到加工的目的,这就是激光加工方法的诞生。

激光加工是指利用激光束投射到材料表面产生的热效应来完成加工过程,包括激光焊接、激光雕刻、激光切割、表面改性、激光镭射打标、激光钻孔和微加工等。此外,激光内雕是光化学反应加工中的一种,激光束照射到物体内部,借助高密度激光高能光子引发或控制光化学反应的加工过程。

(二)激光加工的特点

激光束由原子(分子或离子等)跃迁产生的,而且是自发辐射引起的。激光加工是将激光束照射到工件的表面,以激光的高能量来切除、熔化材料以及改变物体表面性能。激光加工以其加工精确、快捷、操作简单、自动化程度高等优点,在服装、纺织、工艺品行业内逐渐得到广泛的应用。

(1)激光加工是无接触式加工,工具不会与工件的表面直接摩擦产生阻力,所以激光加工的速度极快、加工对象受热影响的范围较小且不产生噪声。

(2)激光束的能量和光束的移动速度均可调节,因此激光加工可应用到不同层面和范围上。

(3)激光加工具有不局限于切割图案限制,自动排版节省材料,切口平滑,加工过程中与材料表面无接触,切割或雕刻材料均无须特殊固定,加工成本低的特点,将逐渐改进或取代于传统的切割工艺设备,应用领域广泛。利用激光可以非常准确地切割复杂形状的坯料,所切割的坯料不必再做进一步的处理。

(三)激光加工的分类及应用

1.激光加工的分类

激光加工分为热加工和冷加工两类。其中热加工是通过瞬时高温蒸发金属实现加工;而冷加工原理是利用高负荷能量的光子,破坏材料或是其周围介质内的化学键,从而使材料发生非加热的破坏。在激光加工过程中,冷加工具有较为特殊的作用,这种特殊体现在不会产生热损伤上,但却会对材料的化学键造成冷剥离,从而达到加工的目的。

2.激光加工的应用

激光加工的应用很广泛,如激光打标、激光焊接、激光切割、光纤通信、激光测距、激光笔、激光雷达、激光武器、激光唱片、激光矫视、激光治疗、激光成像、激光灭蚊器、激光打孔、激光热处理、激光快速成型、激光涂敷、无损检测技术等。

(1)激光打标:在各种材料和几乎所有行业均得到广泛应用,使用的激光器有 YAG 激光器、CO_2 激光器和半导体泵浦激光器。

(2)激光焊接:主要用于加工汽车车身厚薄板、汽车零件、锂电池、心脏起搏器、密封继电器等密封器件以及各种不允许焊接污染和变形的器件。

(3)激光切割:主要用于汽车零件、计算机、电气机壳、木刀模具、各种金属零件和特殊材料的切割,以及加工圆形锯片、压克力、弹簧垫片、2mm 以下的铜板电子机件、一些金属网板、钢管、镀锡铁板、镀亚铅钢板、磷青铜、电木板、薄铝合金、石英玻璃、硅橡胶、1mm 以下氧化铝陶瓷片、航天工业使用的钛合金等。使用的激光器有 YAG 激光器和 CO_2 激光器。

(4)激光笔:又称为激光指示器、指星笔等,是把可见激光设计成便携、手易握或激光模组类型的笔形发射器。常见的激光笔有红光、绿光、蓝光和蓝紫光等。通常汇报、教学人员会使用激光笔来投映一个光点或一条光线指向物体,但激光会伤害到眼睛,任何情况下都不应该让激光直射眼睛。

(5)激光治疗:可以用于手术开刀,减轻痛苦,减少感染。

(6)激光成像:通过发射特定设计的激光信号,接收激光回波并处理后获取目标的图像等属性信息的成像方式。激光成像具有超视距的探测能力,可用于卫星激光扫描成像,未来用于遥感测绘等科技领域。

(7)激光打孔:激光打孔主要应用在航空航天、汽车制造、电子仪表、化工等行业。

(8)激光热处理:在汽车工业中应用广泛,如缸套、曲轴、活塞环、换向器、齿轮等零部件的热处理,同时在航空航天、机床行业和其他机械行业也应用广泛。我国的激光热处理应用远比国外广泛得多。

(9)激光快速成型:激光快速成型是将激光加工技术和计算机数控技术及柔性制造技术相结合而形成,多用于模具和模型行业。

(10)激光涂敷:激光涂敷在航空航天、模具及机电行业应用广泛。

下面我们主要介绍激光加工中的激光切割。

二、激光切割基础知识

(一)激光切割原理

激光切割就是将高功率密度的激光束扫描过材料表面,在极短时间内将材料加热到几千至上万摄氏度,使材料熔化或汽化,再用高压气体将熔化或汽化的物质从切缝中吹走达到切割材料的目的。

激光切割所采用的激光束聚集最小直径可为小于 0.10 mm 的光点,光束输入的热量远远超过被材料反射的热量,材料很快被加热至汽化程度,蒸发形成孔洞;随着光束与材料相对线性移动,使孔洞连续形成宽度很窄的切缝,切口宽度一般为 0.10～0.20 mm。由于切口宽度小,切边热影响很小,从而工件变形小。

激光切割系统包括激光器、导光系统、光源冷却系统、控制系统及检测系统,其加工原理如图 8.2 所示,由激光器发射出来的激光通过光闸、反射镜、聚焦镜到达激光切割头,进而使被照射的材料瞬间熔化成汽化。

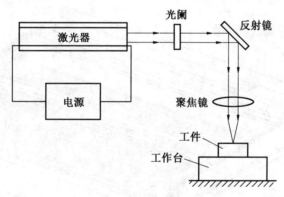

图 8.2　激光(切割)加工原理

其中,激光器是用来产生激光的部件,是激光设备的最核心零部件。激光器的增益介质包括气体、液体和固体,特定增益介质决定了激光波长、输出功率和应用领域。最具有代表性的有 CO_2 激光器、红宝石激光器、半导体激光器、光纤激光器和 YAG 激光器等。

(二)激光切割的分类

激光切割的分类标准有多种,一般根据激光切割原理和激光器对激光切割进行分类,此外还可按组成结构、切割材料、工作空间等进行分类。

按常用激光器分类,可分为:

(1)CO_2 激光切割:用于切割薄金属、纸张、林材、塑料、纺织品及其他非金属材料。

(2)YAG 激光切割:多用于切割金属、陶瓷、塑料和石墨复合材料。

（3）光纤激光切割：可用于切割金属、陶瓷、塑料和石墨复合材料。不仅提供了 CO_2 激光切割可实现的速度和切割质量，而且维护和操作成本低，是未来激光切割发展的趋势。

三、激光切割（雕刻）成形加工

激光切割加工技术在工艺品、广告行业的应用主要分为：激光切割和激光雕刻两种工作方式。

激光切割与雕刻均是以数控技术为基础，激光为加工媒介的一种高效率的切割与雕刻方式。激光切割是将工件厚度方向上金属完全融化蒸发达到切割的目的；而激光雕刻则应适当控制激光束能量使工件表层不同厚度的金属材料融化并蒸发，以达到对工件加工雕刻的目的。激光切割与雕刻的本质区别在于，激光束能量释放对金属材料作用的深度大小。激光切割可以完成工件图案内型与外形的切割；激光雕刻是利用激光技术将文字或图案雕在物体表面，这种技术刻字物体表面仍然光滑，而且笔迹不会磨损。

（一）激光切割（雕刻）机床

本任务中应用到的设备是镭神 CLS－3500 全封闭光路保型激光雕刻切割机，属于小功率激光切割设备，其最大功率为 60W。如图 8.3 和图 8.4 所示，主要结构与部件包括如下几部分。

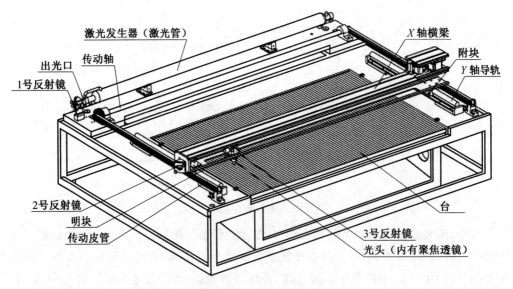

图 8.3　激光雕刻切割机工作元件示意图

（1）光路部分：CO_2 激光发生器、反射镜三片、聚焦透镜一片。

（2）电控部分：激光电源、行程限位器、步进电机、配电盘等。

（3）外接设备（气水风系统）：高压气体供给（干燥空气）、水冷系统、烟尘排放系统（可选配废气过滤系统、火星熄灭器）。

（4）数据部分：运动控制卡、控制系统、操作面板（无线手柄、无线模块）。

（5）传动部分：传动导轨，传动滑块，传动齿带，传动齿轮，传动长轴，X、Y 轴全封闭光

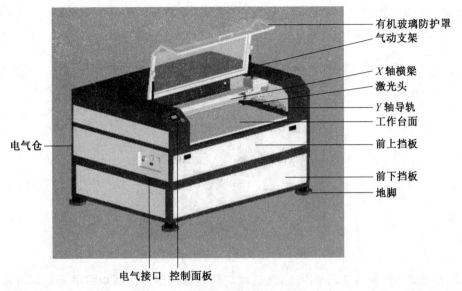

图 8.4　激光雕刻切割机结构示意图

路保护装置。

(二)激光切割(雕刻)成形加工的特点

小功率激光雕刻切割机与传统的切割方式相比不仅价格低、消耗低,并且因为激光加工对工件没有机械压力,加工出来的产品精度、表面质量都非常良好,而且还具有加工效率高、设备操作安全、维修简单等特点,可持续 24 h 工作。用小功率激光雕刻切割机加工出来的无尘布、无纺布边不发黄,自动收边不散边、不变形、不会发硬,尺寸一致且精确;效率高、成本低,电脑设计图形,可加工任意复杂形状及各种大小的花边。由于激光和计算机技术的结合,开发速度快,用户只要在计算机上设计,即可实现激光切割(雕刻)输出并且可随时变换加工,可边设计边出产品。

激光切割切口细窄,切缝两边平行并且与表面垂直,切割零件的尺寸精度可达 ±0.05 mm。切割表面光洁美观,表面粗糙度只有几十微米,甚至激光切割可以作为最后一道工序,无须机械加工,零部件可直接使用。材料经过激光切割后,热影响区宽度很小,切缝附近材料的性能也几乎不受影响,并且工件变形小,切割精度高,切缝的几何形状好,切缝横截面形状呈现较为规则的长方形。激光切割时工具与工件无接触,不存在工具的磨损。加工不同形状的零件,不需要更换"刀具",只需改变激光器的输出参数。激光切割过程噪声低,振动小,无污染。

(三)激光切割(雕刻)成形加工的实施准备

激光切割(雕刻)成形加工的实施准备主要包括:工件的准备、软件基本操作、机床操作及加工参数的选择等。

1.工件的准备

根据本任务内容,采用 3 mm 或 5 mm 厚度亚克力板材作为加工材料较为合适,也可以根据设计方案选择不同厚度的亚克力板材,如图 8.5 所示。板材表面需检查无明显划痕,或能够在加工时通过调整激光头位置躲避划痕,否则影响成品美观。亚克力板幅通常较为平整不需校平处理,但若加工图形复杂,需对不加工区域采用压块固定,防止激光切割过程中发生窜动。

图 8.5　亚克力板材

　　放置亚克力板材到切割平台上,通过雕刻切割机机床操作面板将激光头对准待切割区域。注意为了保证亚克力板尺寸满足工件要求,应提前预估尺寸范围,并将激光头调整至工件切割开始位置,如图 8.6 所示。

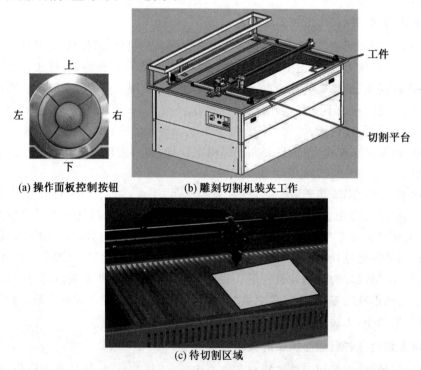

(a) 操作面板控制按钮　　　　(b) 雕刻切割机装夹工作

(c) 待切割区域

图 8.6　雕刻切割机操作面板控制按钮及装夹工件

2.软件基本操作

　　在激光切割或雕刻过程中,图形处理是至关重要的。通过绘制或提取的方式,设计待切割或雕刻图案,并采用二维制图软件进行图形处理,然后导入激光雕刻切割软件 V7.0

中,再在其操作界面设置图层以及激光切割或雕刻的激光参数,如功率和速度等。

(1)选取图形格式为 JPG 或 BMP 等,如图 8.7 所示。

(2)采用制图软件 CAD/CAXA 等绘制或提取图形,使用 CAD 中"样条曲线"或 CAXA 中"提取轮廓"功能,实现图案处理,如图 8.8 所示。

图 8.7　校徽原图

图 8.8　提取后的校徽图案

(3)文件存储:一般情况下,导入激光切割软件 V7.0 的文件存储格式为 DXF。因此,上述 CAD/CAXA 软件处理后的二维图形文件应尽量存储为 DXF 等常用格式,如图 8.9 所示。

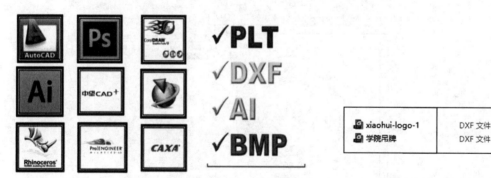

图 8.9　文件存储格式

(4)导入文件格式:激光雕刻切割软件 V7.0 中导入的文件格式有 DXF、AI、PLT、DST、DSB 等;导出的文件格式为 PLT。

操作:菜单栏"文件"→导入 ⟶选中待处理文件→打开,如图 8.10 所示。

(5)设置各加工曲线的图层,为其选择合适的模式,如激光切割、激光雕刻,并可以进行先后加工顺序的调整,如图 8.11 所示。

(6)激光参数设置:根据所选用亚克力板材的厚度不同,选择激光切割或雕刻时的最大及最小功率,以及切削速度。切削速度偏大、功率偏小,则雕刻效果较好;反之,切削速度较小、功率增大,则雕刻深度增大,此时参数设置应与同等厚度的板材切割参数相比较,避免切透。但根据加工图案不同,具体参数需要多次摸索调试后方可实施加工。通过如图 8.12 所示图层参数对话框进行调整设置。

图 8.10　导入文件操作

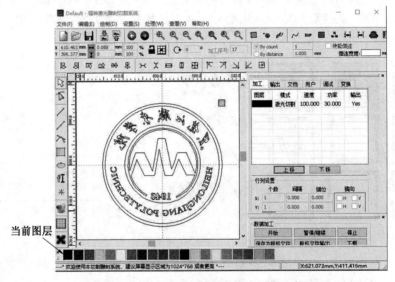

图 8.11　激光雕刻切割软件导入图形文件

3.机床操作

(1)控制面板如图 8.13 所示。

开机:当关机指示灯亮时,按此键开启机床。

关机:按此键关闭机床。

风机开:按此键开启风机。

风机关:按此键关闭风机。

气泵开:按此键开启气泵。

气泵关:按此键关闭气泵。

复位:激光头寻找机械原点 。

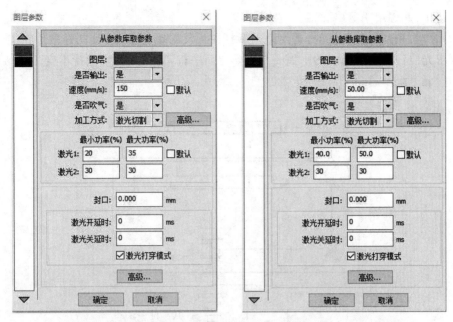

图 8.12 激光加工图层参数设置

图 8.13 控制面板

文件:机器在空闲状态下按此键进入文件菜单。

速度:进入调节速度界面。

①最小功率:设置激光器手动出光的最小能量。

②最大功率:设置激光器手动出光的最大能量。

③定位:在系统空闲界面按下此键,系统将把当前点作为加工相对原点,设定图形的加工起始位置。

④启动/暂停:空闲状态或暂停状态下按下此键启动加工,加工时按下此键加工暂停。

⑤手动出光:空闲状态下按下此键激光器出光。该按键常用于调试时点射出光。

⑥走边框:查看图形是否越出材料边界。

⑦退出:此键用于退出加工。

（2）对焦:光路调整的目的,是使激光束打在各反射镜的中心,且良好聚焦在工件上。因此要求光线经反射镜构成的平面要与工作台面平行,且在运行中保持不变。如图 8.14 所示为导光系统示意图。

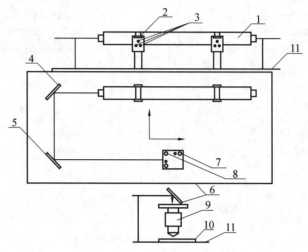

图 8.14　导光系统示意图

1—激光管;2—激光管支架;3—支架调整螺母;4,5,6—反射镜;7—反射镜调整螺钉;
8—反射镜锁紧螺钉;9—激光刀头调焦套筒;10—工件;11—工作台

调整激光刀头调焦套筒上的调整螺钉,上下移动调焦套筒,使光线干净地从气嘴出光孔中心射出,即工件上或靶纸上只有一个小圆孔,而无杂光印,还可用机器自带的透明有机板在角上打一个孔(吹气,电流用最大值),有机板表面要与激光方向垂直,打孔后,校验垂直度。从任何方向看,打的孔均与有机板面垂直为最好。激光刀头调焦如图 8.15 所示。

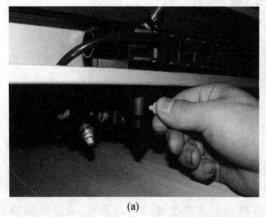
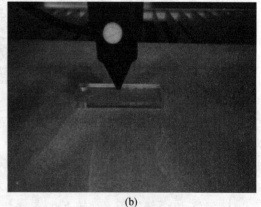

(a)　　　　　　　　　　　　　　　(b)

图 8.15　激光刀头调焦

（3）激光雕刻切割机操作流程。

当机床与工件均准备就绪后,按照图 8.16 所示为激光雕刻切割机操作流程实施加工过程。

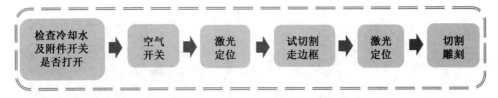

图 8.16　激光雕刻切割机操作流程

①检查机床各附件运转及连接情况。激光雕刻切割机附件主要有水泵(冷水机)、排风机和气泵,如图 8.17 所示。

图 8.17　激光雕刻切割机附件

②机床开机。确保电源、USB 数据线连接完全正确的情况下,将空气开关合闸。然后点击控制面板"开关"按钮,如图 8.18 所示。此时机床接通电源,冷水机、气泵及排风机均处于待机状态,机床控制面板显示屏及按钮点亮。

图 8.18　激光雕刻切割机开关

注意:机床开始加工前,需要确认冷水机开关开启并正常运转。

③激光刀头定位:用来设置激光刀头相对于图形的位置,直观地查看只需要看图形显示区的绿色的点出现在图形的哪个位置就可以了,如图 8.19 所示。在工件摆放位置确定后,点击机床操作面板"定位"。

④走边框:在正式加工前,需在机床操作面板点击"走边框",再次确定工件尺寸是否满足加工要求,防止图形越出材料边界。如图 8.20 所示,虚线部分为走边框路线。

⑤切割:上述各操作步骤准备就绪,点击软件操作界面"开始加工",激光器开始工作发射激光,再通过光路导出激光,从激光刀头到达工件表面。在加工过程中如发现图形错误等临时情况,可以通过"暂停/继续"或"停止"按钮退出加工。如图 8.21 所示,软件界面操作按钮。

图 8.19　图形显示区的激光定位

图 8.20　走边框路线

![数据加工软件界面按钮]

图 8.21　软件界面操作按钮

当工件加工完成,激光头会根据记忆再次回到定位起点。如需进行下一个工件加工,需手动调整激光头至板材尺寸满足条件位置,点击"定位",再进行上述加工流程。或可以通过手动移动板材来实现工件位置的固定。

4. 机床操作安全知识

(1)设备须接地,方可开机工作,接地必须安全可靠。

(2)每次开机须先检查冷却潜水泵是否水流循环畅通。

(3)冷却循环水须保持小于等到 40 ℃水温工作。

(4)冬季室温低于 0 ℃时,须清除冷却循环水,否则将会冻裂激光器。

(5)加工时须打开排风机和气泵,以免造成镜片污染,并会造成室内空气污染。烟尘较大时,可将上盖关闭,形成负压,增强吸附效果。

(6)设备附近严禁放置易燃、易爆物品。

(7)工作台面请不要堆积与加工不相干的物品,避免碰撞刀头,发生错位。

(8)及时清除台面长期加工而形成的污物,可有效防止反光与明火产生。

(9)激光加工为高温汽化过程,对于经过高温产生酸性气体的材料(如 PVC),将杜绝上机加工,否则将会腐蚀设备的金属器件而缩短设备使用寿命。

(10)加工材料须保证平整,出现变形,可用重物镇压板材。

(11)材料储存时,须平放于地面或货架,可有效防止材料变形。

(12)设备加工中,操作人员须全程跟踪,随时观察设备工作情况。

(13)设备加工中,切勿触碰加工材料,避免移动材料而导致加工错位。

(14)非专业人员或非厂家授权严禁擅自拆开机器人,以免发生事故。

(15)电压不稳时切勿开机,否则必须配备稳压器。

(16)未经专业培训的人员禁止使用设备。

(17)设备所处环境无污染、无强电、无强磁等干扰和影响。

(18)雷雨天气禁止使用设备,且须拔掉所有电源线,避免雷击。

(19)如果机器出现故障或异常请立即切断空气开关。

(20)新型材料的加工可与厂家联系确认加工可行性。

(21)操作前,请仔细阅读厂家提供的《产品使用手册》。

思考与练习

1.激光切割(雕刻)加工的原理。

2.本任务中采用何种加工材料? 厚度如何选择?

3.如何设计校徽(图 8.22)的结构及切割参数,使成品能够满足如下要求:

(1)工件边缘光滑粗糙度可达 $Ra3.2$;

(2)内部雕刻图案清晰,但切割表面平整;

(3)设计图案美观大方。

图 8.22　校徽图案

4.激光切割(雕刻)加工的基本流程是什么?

5.结合任务的实施,讨论一下如何提高雕刻及切割产品的质量。

6.说明激光切割(雕刻)加工中图形设计的注意事项。

7.说明激光切割(雕刻)加工流程中参数与厚度的对应关系。

8.根据本任务完成情况填写表 8.1。

表 8.1　任务完成情况表

检查项目	检查分值				
	5	4	3	2	1
形状与零件图相符合程度					
图案内部细节清晰度					
工艺设计美观程度					
总得分(满分 15)					

注:评价标准:3 分——图样基本符合图纸要求,内部细节较为清晰,设计美观程度较为普遍。

实操评量表

学生姓名：_____　学号：_____　班级：_____

序号	考核项目	项目	子项目	个人评价	组内互评	教师评价
1	知识目标达成度	激光切割基础知识 20%	搜集信息 5%			
			信息学习 8%			
			引导问题回答 7%			
2	能力目标达成度	任务实施、检查 60%	工件装夹、光路校正 15%			
			正确的文件输出格式及激光切割顺序 25%			
			激光参数的选择 10%			
			加工质量 10%			
3	职业素养达成度	团结协作 10%	配合很好 5%			
			服从组长安排 3%			
			积极主动 2%			
		敬业精神 10%	学习纪律 10%			
评语						

学习项目四　激光内雕加工

任务九　水晶件的激光内雕加工

实操任务单

任务引入:

水晶雕饰工艺品逐渐走入人们的视野,如水晶钥匙扣、水晶汽车挂件、水晶吊坠、水晶摆件、水晶奖杯等。这些精美的艺术工艺品是如何在不破坏水晶表面的情况下实现内部图案雕琢,需要采用什么加工方法呢?

市面上常见的工艺品水晶多为人工水晶,人工水晶制品的主要成分是二氧化硅,硬度 6.5~7.0 左右,密度约为 2.65 g/cm³,具有双折射的特点。与普通玻璃相比,比重更大、手感沉重、折射率大,能透射出光谱的五彩十色,硬度高,耐磨性更好。针对水晶工艺品的制作,可采用激光内雕加工机床在水晶内部雕刻出精美的二维或三维立体图案。激光内雕既可生产大型水晶内雕工艺品,也可批量化生产小型水晶饰品。

本任务如图 9.1 所示,通过了解激光内雕加工原理、特点及应用,从设计加工图案着手,学习激光内雕机实际操作流程,从而掌握激光内雕加工工艺。

图 9.1　水晶工艺品

续表

教学目标	知识目标： 1.激光内雕加工的原理 2.激光内雕加工的特点及应用领域 3.激光内雕加工的工艺流程 能力目标： 1.能够熟练使用 LaserImage 独立处理图样成为点云文件 2.掌握激光内雕机控制软件 CrystalLaser 使用方法及参数设置 3.熟练操作激光内雕机 4.针对尺寸不同的水晶工件调试雕刻机参数 素质目标： 1.通过多样化设计方案，鼓励创新创造精神 2.培养耐心细致的职业素养
使用器材	激光内雕机及附件，配套计算机，加密狗，水晶工件，游标卡尺等。

实操步骤及要求：

一、任务分析

1.激光内雕加工的优势

2.针对二维或三维图样，如何制定激光加工工艺流程

3.如何设置合理的激光参数实现图样的内雕

二、任务计划

1.观察激光内雕机结构及附件

2.操作激光内雕机的注意事项

3.激光内雕图案的点云处理及注意要点

4.分组讨论设计激光内雕图案及制定工艺流程

三、任务准备

1.水晶工件的准备（可选择不同尺寸规格的水晶工件）

2.激光内雕机的准备

3.各附件（包括冷却水等）的准备

4.激光内雕机控制软件 CrystalLaser

5.加工辅助工具箱（加密狗、镜头擦拭工具、游标卡尺等）

四、任务实施

1.待加工图案的点云处理文件格式核对

2.激光内雕加工工艺过程的制定

3.激光内雕机床操作

4.点云处理软件 LaserImage、激光内雕机控制软件 CrystalLaser 的熟练操作

5.作品展示

五、任务思考

1.如何将一张二维平面照片转变为三维立体模型实施雕刻

2.操作激光内雕机应注意哪些事项

3.影响激光内雕加工质量的参数有哪些

知 识 链 接

　　经过激光内雕技术加工而成的水晶玻璃工艺品具有晶莹剔透、超凡脱俗的视觉效果，由于内部图案可塑性强，在网络平台销量极高，多用来制作有纪念意义的摆件、奖杯等。激光内雕的出现，实现了不损伤水晶表面的情况下，在水晶内部特定位置打点雕刻出预定的形状，呈现了水晶的白色内雕，是传统工艺无法替代的。

一、激光内雕加工的原理

　　激光内雕加工是利用发射器激发出激光对水晶等玻璃制品内部进行图形、图像的雕刻，是激光加工技术的一种形式。激光内雕加工的原理是光的干涉现象，将两束激光从不同的角度射入玻璃、水晶等透明物体，准确地交汇在一个点上，两束激光在交点上会发生干涉和抵消，其能量由光能转换为内能，放出大量热量，将该点融化形成微小的空洞。由机器准确地控制两束激光在不同位置上交汇，将制造出大量微小的空洞，这些空洞连接在一起就形成了所需要的图案。在激光内雕加工时，不用担心射入的激光会融掉整条光路所经过的直线上的物质，因为激光在穿过透明物体时维持光能形式，不会产生多余热量，只有在干涉点处才会转化为内能并融化物质。激光内雕加工的原理图如图 9.2 所示。

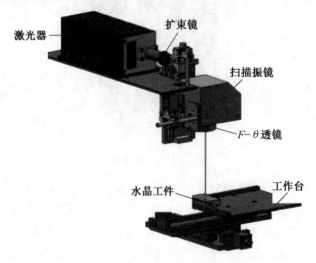

图 9.2　激光内雕加工的原理图

二、激光内雕成形加工

　　激光内雕技术在工艺品、水晶内雕加工的应用主要分为：二维（2D）平面成像和三维（3D）立体成像两种，如图 9.3 所示。

　　激光三维内雕加工属于选择性激光雕刻技术，采用分层制作和层层叠加的技术途径。如果按平面图形在水晶内部逐点雕刻出微小点，就可以形成二维图像；如果计算机从图像的三维几何信息出发，通过对信息的离散化处理（切片分层），将三维雕刻转为二维雕刻，再在高度方向上堆集，就可以形成三维图像，即激光内雕机在工作过程中，沿着垂直于工

(a) 二维(2D)平面成像　　　　　　　(b) 三维(3D)立体成像

图 9.3　二维(2D)平面成像和三维(3D)立体成像

作台平面方向采用分层加工的方式完成三维点云的内雕加工。

(一)激光内雕机

　　本任务中激光内雕机采用的是一款 3D 建模机,其型号为 CLM－801AB4,最大功率为 800 W,如图 9.4 所示。

图 9.4　激光内雕机

　　激光内雕加工利用纳秒脉冲激光器,把激光聚焦在玻璃内部,通过扫描实现三维(3D)立体成像。要实现激光雕刻,在玻璃中激光聚焦点的激光能量密度必须大于使玻璃破坏的临界值,成为损伤阈值。而激光在该处的能量密度与它在该点光斑的大小有关,对于同一束激光来说,光斑越小所产生的能量密度越大。通过聚焦,可以使激光的能量密度在到达要加工区之前低于玻璃的破坏阈值,而在加工的区域则超过这一临界值。脉冲激光的能量可以在瞬间使玻璃受热炸裂,从而产生微米至毫米数量级的微裂纹,由于微裂纹对光的散射而呈白色。通过已经设定好的计算机程序(文件格式为 stl)控制在玻璃内部雕刻出特定的形状,玻璃的其余部分则保持原样。

(二)激光内雕加工的特点

　　(1)与传统的喷砂雕刻、丝网印刷工艺相比,激光内雕加工技术最突出的特点是环保。激光束在玻璃质体内部进行雕刻,不会产生粉尘、挥发性物质,不会造成大量的排放物,不需要耗材,对外部环境几乎不产生任何的污染,并大大改善了操作人员的工作环境。

（2）激光内雕加工具有自动化程度高的特点。水晶或玻璃工件放置到工位后，整个雕刻过程由计算机控制，完全实现了自动化加工，降低了生产成本。

（3）激光内雕图样精美、造型独特，并可以通过计算机软件自行设计。

（三）激光内雕机开、关机操作流程

1. 开机操作流程

开机前应确认：

①计算机液晶显示器、键盘、鼠标是否齐备；

②扩束镜和扫描振镜的镜头盖是否拆开；

③电源线是否连接正确；

④急停开关、钥匙是否处于正确位置；

⑤加密狗是否插在计算机正确位置上；

⑥USB 数据线是否连接计算机和激光内雕机。

确认上述附件都无误后可以开机，操作步骤如下：

①启动计算机主机和显示器；

②检查 E-stop 解锁状态（按照箭头方向旋转，开关弹起即为解锁状态）；

③打开 Main-Power 钥匙开关至 ON；

④按下 Start 按钮启动；

⑤按下 Control 按钮开启三维运动系统电源；

⑥按下 Laser 按钮开启激光器电源，此时，激光内雕机总电源打开，控制面板绿色指示灯均点亮；

⑦开机器舱门；

⑧把水晶放在托盘的左下角，靠紧两个边，如图 9.5 所示；

⑨关闭舱门。

⑩"Unlock"开关是当需要机器开着门雕刻的时候才打开，正常情况下不打开。

图 9.5　水晶摆放位置

注意：开机后，应该注意如图 9.6(a)所示，等待 30 s，机床温度达到 50℃（屏幕显示为绿色），才能够开始正常工作；如未达到 50℃（屏幕显示为红色），则不能正常工作。

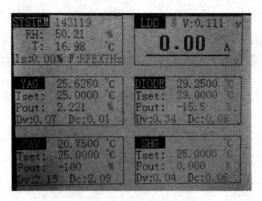

图 9.6　内雕机开机参数提示

2.关机操作流程

①按下 Control 和 Laser 按钮,将内雕机操作面板上 Main-Power 钥匙扭至 OFF。此时,激光内雕机总电源关闭,控制面板绿色指示灯均熄灭,如图 9.7 所示。

②关闭计算机主机和显示器,拔掉电源。

图 9.7　激光内雕机操作面板

(四)激光内雕加工实施

激光内雕加工分为 3D 立体内雕加工和 2D 平面内雕加工两类。激光内雕加工过程包括点云处理阶段和内雕机控制两个阶段。

点云处理阶段是通过 LaserImage 软件,将三维立体图案或二维平面转化为点云文件。可导入点云处理软件的文件格式分别为三维 DXF、CAD 文件以及二维 JPG、BMP 文件。经 LaserImage 软件处理后,将点云文件保存为 LPC、SCA 或 SCAX 格式,然后在 CrystalLaser 内雕机控制软件中将上述文件打开,设置水晶尺寸,其中 LPC 格式自动导入 LaserImage 软件中已设置好水晶尺寸。将对应尺寸的水晶放置到内雕机平台上的正确位置,如果是批量雕刻,则使用批量模板。具体工艺流程如图 9.8 所示。

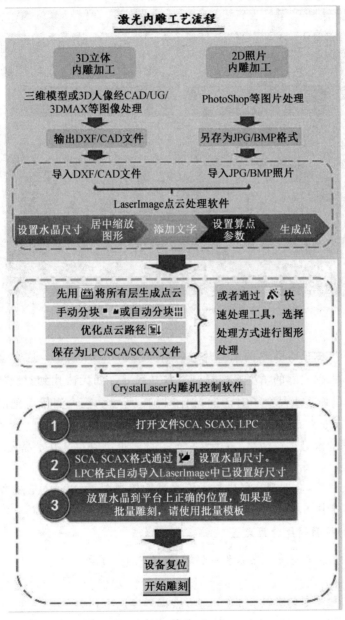

图 9.8　激光内雕加工工艺流程

1. 设置水晶尺寸

LaserImage 软件主要适用于图片及文字点云生成,三维点云添加文字及模型的平移、旋转及缩放,其主界面如图 9.9 所示。特别注意的是缩放只适用于未生成点云文件之前的图片及文字,对于已生成点云的文件一般不进行缩放,否则会因为点间距过小引起水晶炸裂。

注意:首次使用 LaserImage 软件时,在模型生成前,应该导入设定的点云参数、模型参数和水晶尺寸信息。

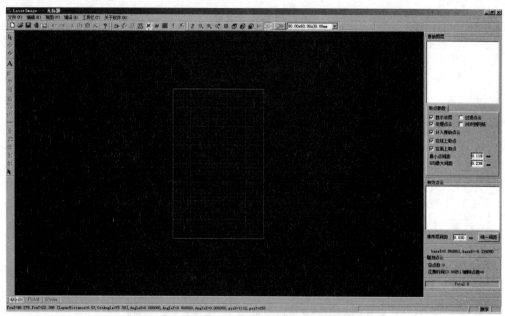

图 9.9　LaserImage 软件的主界面

使用游标卡尺测量待雕刻的水晶尺寸,点击工具栏 ［按钮。这时会弹出"水晶尺寸"的下拉菜单,根据实际的情况来选择已有水晶尺寸。如无法找到对应的水晶尺寸,可以点击 ＿＞＞ 弹出新建水晶盒子对话框,如图 9.10 所示。输入测量得到的水晶尺寸(高度为水晶厚度,宽度为激光加工平台 X 轴方向尺寸,长度为激光加工平台 Y 轴方向尺寸),可以对新增的水晶进行命名,点击"添加"。此时也可以对已有水晶尺寸进行修改、删除,点击"修改"或"删除"按钮,对尺寸调整或命名后进行确认。

设置水晶尺寸后,软件观察区内显示为水晶的俯视图,可以通过鼠标滚轮翻转水晶,或在工具栏找到如图 9.11 所示的操作按钮,观察水晶块的特定视图。

2.二维(2D)平面照片计算点云

使用工具栏 ［导入一个二维平面照片,如图 9.12 所示。

(1)确定图层信息。

导入照片后雕刻图层默认为 5 层,可以根据需要选中其中一层,针对该层点的亮度及对比度进行适当调节。也可以不调节,使用默认值。将亮度及对比度调整至中段位置为宜,且每个图层的亮度及对比度尽量相差不大,如图 9.13 所示。

如认为层数不够时可以手动添加层,认为层数较多时也可以手动删除选中的层。通过点选"雕刻效果预览"查看预览图层设置后图片的雕刻效果。

图 9.10　新建水晶盒子对话框

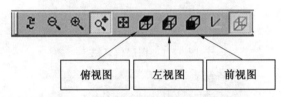

图 9.11　软件观察区水晶视图操作按钮

图 9.12　二维平面照片导入

(2)设置照片布点参数。

分别点击图 9.13 中各个图层,会在下方出现"处理参数"的详细信息,如图 9.14 所示。可以直观地看到生成点云后的图形宽度、长度,一般情况下,点云的尺寸设置必须小于水晶的尺寸。在生成点云之前一定要确认点云的各个边都不能超出水晶的尺寸,否则,雕刻的时候水晶会破裂。

处理方式选择默认方式——布点方式。点间距推荐设置 0.1、层间距推荐设置0.3为宜。如需按比例调整尺寸,需要"锁定比例"后再调整,否则照片点云将发生变形。布点设置完成后,点击"生成点云"。

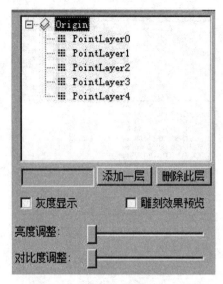

图 9.13　图层信息栏

图 9.14　"处理参数"的详细信息

（3）选择水晶尺寸。

如图 9.15 所示,在弹出的对话框中,选择需要的水晶尺寸。

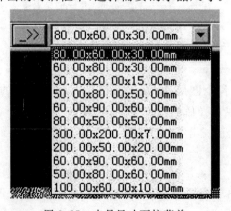

图 9.15　水晶尺寸下拉菜单

（4）编辑文字。

使用工具栏"**A**"添加文字并编辑。在此窗口内输入需要添加的文字内容，如图9.16所示。

注意：每次输入的所有内容只显示成一行，如果有多行文字，需分多次输入。可设置字的厚度，设置层间距为 0.3 mm；设置填充间距来表示填充点的密度，如填充间距可改为 0.2 mm。

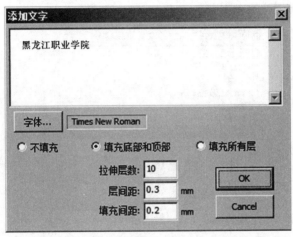

图 9.16　添加文字对话框

（5）算点排序。

当图形和文字的位置、大小等信息都编辑好之后，就可以进行算点排序了。

①首先用 按钮对整个图形进行布点，布点完成后图形会变成蓝色点云。

②布点完成后需要进行分块。分块使用工具栏 ，前两个为"矩形选择"和"多边形选择"，适用于整个图形小于扫描振镜单次扫描范围（屏幕上显示红色椭圆线）的图形，可以一次框选整个图形，然后点击鼠标右键，将整个图形分成一个块；最后一个为"自动分块"，适用于图形大于扫描振镜单次扫描范围的图形，需要用此工具进行自动分块，如图 9.17 所示。

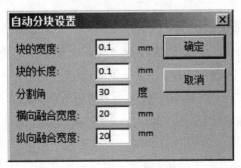

图 9.17　自动分块设置对话框

自动分块可以根据需要设置块的尺寸、切角、融合、Z 向分层间距等参数。二维图形一般设置块的尺寸分别为：块的宽度 X 为 0.1 mm，块的长度 Y 为 0.1 mm，切角为 30°，Z

向分层间距为 0.1 mm,融合为 15～20 mm。点击"确定"将自动根据设置进行分块。分块后图形将从屏幕消失。

③有效点云。软件右下方的有效点云栏中将可以看到分的块的信息,选择是否需要二次过滤,二维平面图形一般不需要,如图 9.18 所示。然后设置排序层间距,二维平面图形一般为 0.1 mm。排序方法有两种:最短路径和交叉扫描。一般情况下我们都选最短路径,此方式最节约雕刻时间。交叉扫描用于当一个块里面的点数非常多且用最短路径方式计算起来很慢算不出来的时候。

图 9.18 二维平面图形有效点云对话框

排序方式设置好后点击工具栏 ▤↓ 按钮进行排序。排序完成后屏幕上图形重新以绿色显示出来。

(6)保存点云数据。

排序完成后的图形点击 ▯ 按钮进行保存。文件能够保存为 SCA、SCAX、LPC 的格式,推荐以 LPC 格式保存,此格式保存的信息包含水晶尺寸的设置,之后使用 CrystalLaser 软件打开后不需要重新设置水晶尺寸。LPC 格式在批量雕刻时也有优势,可以在同一个批量模板下雕刻不同尺寸的水晶,而 SCA、SCAX 格式只能使用模板设置的水晶尺寸雕刻。

3. 三维(3D)立体模型计算点云

(1)导入文件。三维(3D)立体模型计算点云文件有 DXF、CAD、CBF 格式,三维立体模型导入推荐使用 DXF 文件格式。

(2)三维图形尺寸及位置快速一键缩放 ▨。软件左边工具栏 ▨ 可以根据选择的水晶尺寸将图形自动缩放并移动到水晶中间。

(3)图层布点参数设置。

三维立体模型一般有很多个图层,每个图层可以根据需要设置不同的布点密度。

当选中一个图层时,此部分就会在屏幕上以红色显示,然后可以在取点参数栏里面设置该图层的布点密度。一般推荐最小点间距设为 0.1 mm,Z 向最大间距设为 0.25 mm。最小点间距设的值越小,生成的点就越多,过多的点容易使水晶破裂。同理,Z 向最大间距的值也是如此。如果想同时将几个图层设置成一样的参数,可以按住[Ctrl]键不动,鼠标点选多个图层,然后再设置取点参数,如图 9.19 所示。

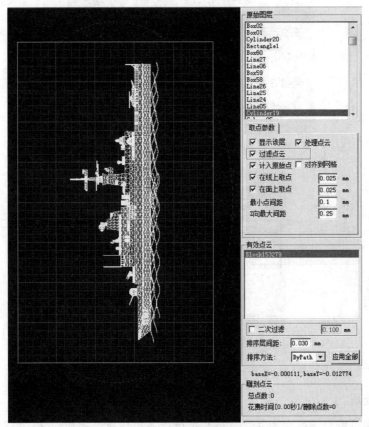

图 9.19　图层布点参数设置

　　(4)编辑文字、位置调整方法与二维平面计算点云的步骤相同。唯一区别是当图形大小超过振镜头单次扫描范围时,使用自动分块的参数与二维平面的有些差别。三维立体模型自动分块的切角应该设置在 30°~45° 之间,Z 向分层间距设置 0.03 mm,融合宽度在 10~20 mm 之间,如图 9.20 所示。手动分块或者自动分块完成以后,整个图形将会从屏幕消失。

　　(5)算点排序。

　　软件右下方的有效点云栏中将可以看到分的块的信息,三维立体模型一般要勾选二次过滤,参数设为 0.05 mm。然后设置排序层间距,三维立体模型一般为 0.03 mm,排序方法采用最短路径,再点"应用全部"将该设置应用到所有的块。然后点 按钮进行排序,三维立体模型有效点云对话框如图 9.21 所示。

　　(6)保存点云数据。

　　排序完成后图像在屏幕上将会以绿色点云显示出来,点击 按钮进行保存,依然推荐以 LPC 格式保存。

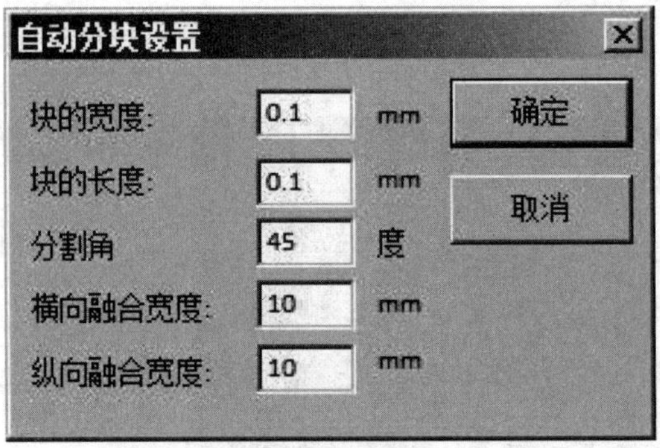

图 9.20　自动分块设置

图 9.21　三维立体模型有效点云对话框

4.快速处理

　　点云处理设置对话框如图 9.22 所示,也可以通过快速处理功能 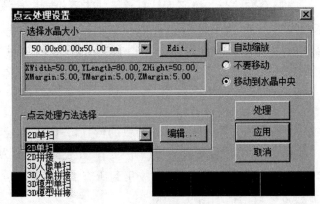 进行点云处理等。此步骤可以将常用的处理图像的参数设置进去,方便以后直接调用。

图 9.22　点云处理设置对话框

　　(1)选择点云处理方法,2D 和 3D 人像一般不勾选"自动缩放"。如果图形超过扫描范围(屏幕上显示为红色椭圆线)可选择拼接方式,如果没超过扫描范围选择单扫方式。选择好处理方法后,点"处理",软件自动处理完成后弹出对话框进行保存。

(2)在"点云处理方法选择"框中点"编辑"可以自己添加或修改处理方式,如图 9.23 所示。

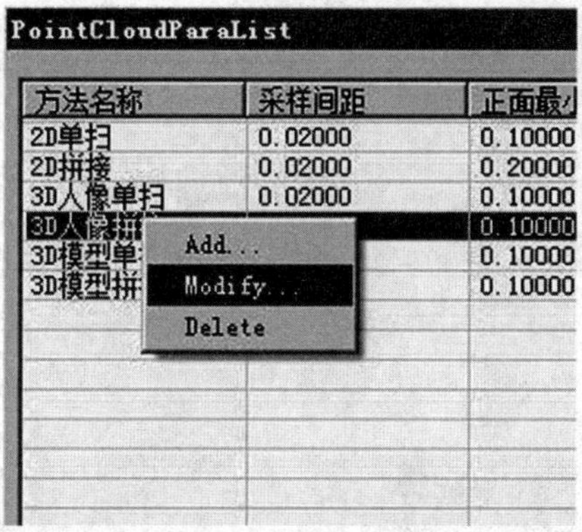

图 9.23　点云处理方法设置参数设置

(3)在方法名称上选择"Add"可以添加新的处理方式,也可以选择"Modify"修改此方法名称下的参数设置。"Delete"删除此方法名称及其参数设置,如图 9.24 所示。

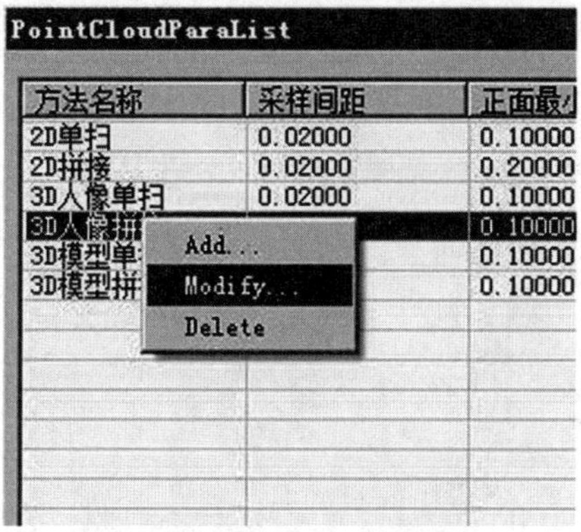

图 9.24　方法名称处理方式

5. CrystalLaser 内雕机控制软件操作

图 9.25 所示为 CrystalLaser 软件主界面,内框显示水晶尺寸,外框显示扫描头单次扫描范围。点击 ➡ 导入文件,LPC 文件将自带水晶尺寸,不需重复设置。

(1)设备复位。点击图 9.26 所示的"设备复位"按钮,此时内雕机内轴复位,为后续加工做准备。此时,再次确认主界面设备状态,系统状态显示绿色表示正常,红色表示故障。

(2)开始雕刻。点击图 9.26 所示的"雕刻控制"中"开始雕刻"按钮。雕刻过程中如需暂停,点击"暂停雕刻"。

(3)查看雕刻记录:点击主界面中 ▦ 或"关于软件"中点击"雕刻记录",可以查看历史雕刻记录,并显示文件名及存储路径、雕刻日期、雕刻数量,如图 9.27 所示。为后续查找和调取雕刻材料提供帮助。

图 9.25 CrystalLaser 软件主界面

图 9.26 主界面操作按钮

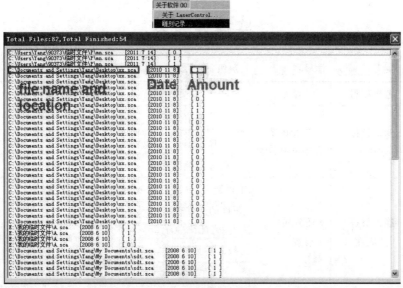

图 9.27　雕刻记录列表

思考与练习

1. 简述激光内雕加工的原理

2. 简述激光内雕加工的特点及应用。

3. 如何选择合适的 2D 平面照片或 3D 立体模型进行激光内雕?

4. 水晶尺寸参数如何选择?

5. 激光内雕加工的基本工艺流程是什么?

6. 采用 LaserImage 软件进行点云处理的步骤有哪些?

7. 结合本任务的实施,讨论一下如何提高激光内雕加工的图像质量,以保证内部雕刻图案清晰,水晶无损坏。

8. 简述 LaserImage 点云处理软件层间距及密度对图像清晰度的影响。

9. 如何将自己的 2D 平面照片通过激光内雕加工为 3D 立体图像,需要进行怎样的图像处理方法。

10. 根据本任务完成情况填写表 9.1。

表 9.1　任务完成情况表

检查项目	检查分值				
	5	4	3	2	1
软件操作及文件存储格式					
雕刻图案内部细节清晰度					
工艺设计美观程度					
总得分(满分 15)					

注:评价标准:3 分——操作无误文件存储基本正确,内部细节较为清晰,设计美观程度较为普遍。

实操评量表

学生姓名：_____　学号：_____　班级：_____

序号	考核项目	项目	子项目	个人评价	组内互评	教师评价
1	知识目标达成度	激光内雕基础知识20%	搜集信息5%			
			信息学习8%			
			引导问题回答7%			
2	能力目标达成度	任务实施、检查60%	工件装夹、光路校正15%			
			正确的文件输出格式及激光雕刻顺序25%			
			激光参数的选择10%			
			加工质量10%			
3	职业素养达成度	团结协作10%	配合很好5%			
			服从组长安排3%			
			积极主动2%			
		敬业精神10%	学习纪律10%			
评语						

学习项目五　水切割加工

任务十　圆孔的水切割加工

实操任务单

任务引入：

在玻璃板上加工如图 10.1 所示的圆孔，应采用什么样的加工方法？

一般情况下，玻璃坚硬耐用，但加工时容易破碎。我们可以采用水切割加工来完成，切割后切割面整齐平滑。通过本任务了解水切割加工特点、加工原理及工艺，重点掌握水切割的加工方法。

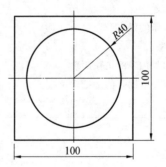

图 10.1　圆孔的零件图

教学目标	**知识目标：**
	1.水切割加工的特点
	2.水切割加工的工作原理
	3.水切割加工的工艺流程
	能力目标：
	1.水切割加工编程
	2.水切割加工方法
	3.水切割机床的操作

续表

教学目标	素质目标： 1.养成安全操作习惯,具有良好的职业道德 2.能够吃苦耐劳,具有工匠精神
使用器材	水切割机床,游标卡尺,百分表等

实操步骤及要求：

一、任务分析

1.本任务为什么采用水切割加工

2.水切割加工与线切割加工有什么不同

3.如何理解水切割加工的工作原理

二、任务计划

1.仔细观察水切割机床,了解其结构及操作规程

2.制定编程方案

三、任务准备

1.水切割机床的准备

2.计算机的准备

3.工件的准备

四、任务实施

1.工件的摆放

2.喷射头的定位

3.砂管的接通

4.水切割机床的操作

五、任务思考

1.谈谈水切割加工的工作原理

2.总结如何提高圆孔的加工质量

3.思考数控电气系统的主要功能是什么

知 识 链 接

一、水切割的起源、定义及形式

(一)水切割的起源

Norman Franz 博士是水刀之父,他是研究超高压(Ultra High Power,UHP)水刀切割工具的第一人。Franz 博士想寻找一种把大树干切割成木材的新方法。1950 年,Franz 博士第一次把很重的重物放到水柱上,迫使水通过一个很小的喷嘴,当时获得了短暂的高压射流(多次超过了现在使用的压力),并能够切割木头和其他材料。后来研究更为连续的水流,但发现获得连续高压非常困难。同时,零件的寿命也以分钟计算,而不是今天的数周或数月。

Franz博士证明了高速会聚水流并具有极大的切割能量,这种能量的应用远远超出了Franz博士的梦想。1979年,Franz博士开始研究增加水刀切割能量的方法,以便切割金属和其他硬质材料。后来他发明了在普通水刀中添加砂料的方法,即用石榴石(砂纸上常用的一种材料)作为砂料,凭借这种方法,水刀(含有砂料)能够切割几乎任何材料。1980年,加砂水刀第一次被用于切割金属、玻璃和混凝土。1983年,世界上第一套商业化的加砂水刀切割系统问世,被用于切割汽车玻璃。该技术的第一批用户是航空航天工业,水刀是切割军用飞机所用的不锈钢、钛和高强度轻型合成材料及碳纤维复合材料的理想工具(现在已用于民用飞机)。从那以后,加砂水刀被许多其他工业采纳,例如加工厂、石料、瓷砖、玻璃、喷气发动机、建筑、核工业、船厂等。水切割机床如图10.2所示。

图 10.2　水切割机床

(二)水切割的定义及形式

水切割又称水刀和水射流,它是将普通的水经过多级增压后所产生的高能量(380 MPa)水流,再通过一个极细的红宝石喷嘴(直径为 0.1~0.35 mm),以每秒近千米的速度喷射切割,这种切割方式称为水切割。

从结构形式上分,水切割可有多种形式。例如,二至三个数控轴的龙门式结构和悬臂式结构,这种结构多用于切割板材;五至六个数控轴的机器人结构,这种结构多用于切割汽车内饰件和轿车的内衬等。

水切割从水质上分有两种形式:一是纯水切割,其割缝约为 0.1~1.1 mm;二是加磨料切割,其割缝约为 0.8~1.8 mm。

二、水切割的特点及其应用

(一)水切割的特点

1.切割质量好,无热加工

采用磨料砂的水刀切割,具有平滑的切口,不会产生粗糙、有毛刺的边缘。因为水切割是采用水和磨料砂切割,在加工过程中不会产生热(或产生极少热量),这种效果对被热影响的材料是非常理想的。

2.环保性,可切割范围广

水切割采用水和磨料砂切割,在加工过程中不会产生毒气,且可直接排出,较环保。

水切割可以切割绝大部分材料,如金属、大理石、玻璃等。

3.无须更换刀具

水切割不需要更换切割装置,一个喷嘴就可以加工不同类型的材料和形状,节约成本和时间。对工件只需要很小的侧压就能固定好,减少复杂的装夹带来的麻烦。

4.编程迅速

水切割机床程序主要是由 AutoCAD 制图软件生成,可以在软件中随意设计线图,或输入从其他软件中生成的 DXF 文件。在把其他软件生成的程序导入,水切割机床能够从 AutoCAD 中建立起刀具路径,并能把刀头的精确定位和切割速度在超过 2 000 点/英寸(800 点/cm)(1 英寸=2.54 cm)计算出来。

5.与其他设备组合,可以进行分别操作

水切割机床可与其他的加工设备组配(如钻削头),充分利用其性能,优化材料利用程度。

(二)水切割的应用

(1)在金属切割领域中的典型应用。

①装饰、装潢中的不锈钢等金属切割加工。

②机器设备外罩壳的制造(如机床、食品机械、医疗机械、电气控制柜等)。

③金属零件切割(如不锈钢法兰盘的半精加工,钢板结构件、有色金属、特种金属材料的加工等)。

(2)在玻璃切割领域的典型应用。

①家电玻璃切割(燃气灶台面、油烟机、消毒柜、电视机等)。

②灯具。

③卫浴产品(淋浴房等)。

④建筑装潢、工艺玻璃。

⑤汽车玻璃等。

(3)在陶瓷、石材等建筑材料加工领域的典型应用。

水切割在该领域的应用较早,目前在国内使用绝对数量最大,主要是用于艺术拼图,我国的陶瓷、石材艺术拼图产品远销世界各地。

(4)复合材料、防弹材料等特殊材料的一次成形切割加工。

(5)软性材料的清水切割。

①汽车内饰件。

②泡沫海绵、纸等。

(6)低熔点及易燃、易爆材料的切割(如炸药、炮弹等)。

三、水切割机床的组成

水切割机床主要由主机、数控切割平台(包括喷射头、磨料箱)、计算机操作控制台三部分组成,如图 10.3 所示。

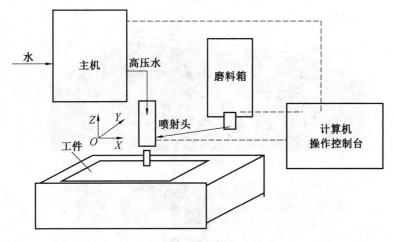

图 10.3　水切割机床组成示意图

(一)主机

主机包括供水系统、液压系统和高压系统。

1. 供水系统

(1)水切割用水的质量是影响设备稳定及零件寿命的关键原因之一,所使用的水一般为超纯水或软化水。使用时可根据实际情况在水进入设备之前,加装精滤系统或软化水系统。

(2)初始供水压力,需保证在 0.2 MPa 以上(进入设备之前)。开启主机水泵后,主机水表读数应大于 0.4 MPa。

2. 液压系统

液压系统由增压、过滤、冷却三个子系统组成。其增压原理为:37 kW 电机驱动液压柱塞泵将油增压至最高 20 MPa,通过电液换向阀进入增压器油缸,在油缸两端设有接近感应装置,当油缸活塞运动至顶端时,电液换向阀接收信号,使油缸活塞完成往复运动,从而使与活塞连接的柱塞杆连续打出高压水。

增压系统的调压装置为可实现油路卸荷及多级调压的调压集成块,此装置在将水切割机床用于脆性材料切割时作用尤为显著。切割前可将系统设置二级压力,即打孔压力与切割压力,打孔时使用较切割压力低的打孔压力,使其不足以达到材料的脆性破坏极限,消除因初始压力过大造成板材开裂的可能。

过滤系统采用三级过滤,即加油过滤(空气过滤器)、出油过滤(出油滤芯)、回油过滤(回油过滤器)。

冷却系统包括两个独立的冷却单元,即增压器回油冷却单元和油泵泻油冷却单元。

3. 高压系统

高压系统是指以增压器为主要部件的将低压水变为稳定高压水的水路增压元件。主要包括增压器、蓄能器,其中增压器为整个高压系统的核心装置,其实际图和结构图如图10.4 所示。

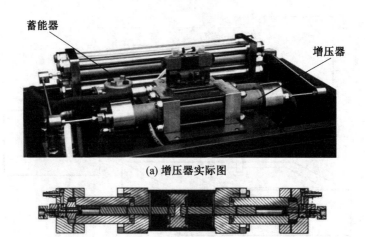

蓄能器　　　　　　　　　　　　　　　　增压器

(a) 增压器实际图

(b) 增压器结构图

图 10.4　增压器

(二)数控切割平台

数控切割平台是水切割机床的重要组成部分。现以龙门式切割平台为例,说明其结构。

1.平台传动装置

平台传动装置主要由 X 轴、Y 轴、Z 轴传动部分组成。X 轴与 Y 轴上均装有伺服驱动器,当驱动器驱动电机旋转时,使安装在电机上的同步轮旋转,带动一系列的丝母旋转,螺母与螺母支承内安装的轴承摩擦系数很小,因此行进阻力也很小。

2.水箱

水箱部分是由焊接水箱、顺栅条调整架、顺栅条等组成。顺栅条调整架是用来调整顺栅条平面水平度的,其侧面、顶面安装有顶丝。水箱侧面安装有放水阀门。水箱装水达到指定的水位后,实现的主要功能是摆放待加工的材料,接收水切割排放出来的高压水、磨料,回收切割下来的边角余料,减少对环境的污染。

3.切割系统

切割系统由水切割刀头、水开关、高压管、储磨料容器等组成。切割系统实现的主要功能是控制高压水开闭,自动供磨料。

4.切割平台的润滑

如图 10.5 所示,当自动并启活塞泵时,润滑油便注入各润滑点,起到润滑和保养作用。润滑油润滑时间和间隔通过润滑泵面板调节设定,润滑油流量的大小可以通过节流分配器进行调节,滤油器随时对润滑剂进行过滤,确保润滑剂清洁。随时观察活塞泵油缸里是否缺油,当油低于最低油位线时,要立即填加润滑油。每天需向各润滑点注油,严禁缺油的现象发生。定时清洗滤油器,每个月至少一次。随时检查各油路和出油点是否被油污堵塞,一旦发现立即清除。

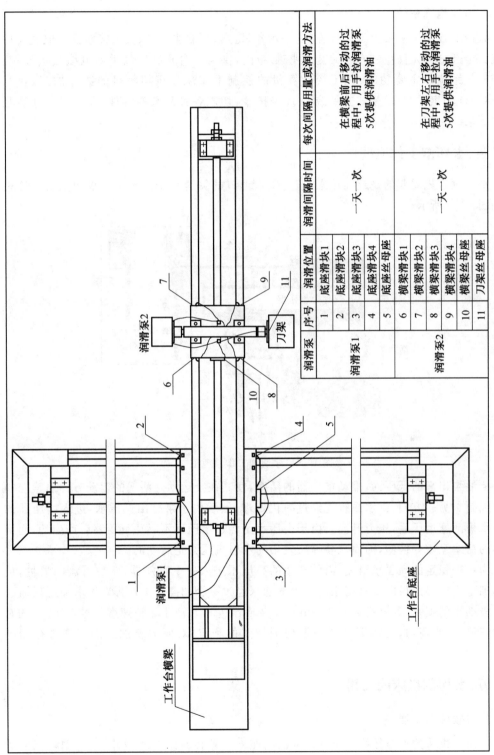

润滑泵	序号	润滑位置	润滑间隔时间	每次间隔用量或手拉润滑方法
润滑泵1	1	底座滑块1	一天一次	在横梁前后移动的过程中,用手拉润滑泵5次提供润滑油
	2	底座滑块2		
	3	底座滑块3		
	4	底座滑块4		
	5	底座丝母座		
润滑泵2	6	横梁滑块1	一天一次	在刀架左右移动的过程中,用手拉润滑泵5次提供润滑油
	7	横梁滑块2		
	8	横梁滑块3		
	9	横梁滑块4		
	10	横梁丝母座		
	11	刀架丝母座		

图10.5　切割平台的润滑图

5.数控电气系统

数控电气系统主要由工控计算机、显示器、键盘、伺服驱动器、交流接触器等电气元件组成。全部电气元件组装在一台电气控制箱内,供与平台和高压发生器电缆接头连接。数控电气系统的主要功能:在工控计算机的控制下实现高压切割机的数控加工,执行 AutoCAD 输出的 DXF 格式文件或 G 代码指令,切割各种复杂的零件,最大限度地满足工艺要求。

四、水切割工作原理

水切割首先需要的是超高压水,超高压水形成的关键在于高压泵。水切割工作原理图如图 10.6 所示。

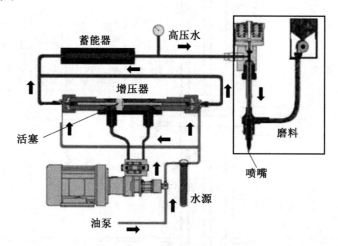

图 10.6　水切割工作原理图

从油泵出来的低压油,推动增压器的活塞,使其往复运动。活塞的运动方向由换向阀自动控制。另一方面,供水系统先经过净化处理,然后由水泵打出低压水,进入增压器的低压水被活塞增压后,压力升高。由于高压水是经过增压器不断往复压缩后产生的,而增压器的活塞又需要换向,因而从喷嘴所发出的水射流压力是脉动的。

为获得稳定的高压水射流,需使产生的高压水进入一个蓄能器,然后再流向喷嘴,从而达到稳定压力的目的。水切割就是由普通水经过一个超高压加压器,将水加压后通过一个极细小的喷嘴(其直径为 0.1 mm 至 0.4 mm 左右),产生一道速度每秒近千米(约音速的三倍)的水箭,这道水箭就像一把切削加工的利刃,对所需要加工的工件进行切削加工。

五、水切割机床的使用

(一)软件的功能

水切割机床的整个数控系统软件界面按照专业数控系统要求设计,支持国际标准通用指令以及 AutoCAD 软件的 DXF 文件格式自动转化两种编程方式。该数控系统能自动串接,具有图形静态和动态仿真功能,并能自动检测 NC 代码中语法错误。

水切割机床具有手动、自动加工、暂停、继续、后退加工、单段等加工方式,操作方便,并具有软限位和硬限位双重限位方式,便于安全操作。同时,水切割机床具有断点后坐标恢复功能、自我诊断以及各种操作错误的实时中文提示,支持 DXF 文件,并能将任何自动编程软件生成 NC 码。

(二)按键操作

1.功能键使用

(1)可以按箭头键来完成菜单的选择,回车,进入相对应的功能,或者按菜单下所对应的热键[F1]、[F2]等,也可以直接进入相对应的功能。

(2)进入水切割数控系统软件,屏幕上有对应的小键盘,点击-X、+X、+Y、-Y、+Z、-Z 分别控制左、右、前、后、上、下移动。

(3)继电器控制:[F8]键为高压,[F9]键为气阀,[F10]键为砂阀。

(4)所有选项后面的中括号的字母均为快捷键,按[M]键即选中该项。

(5)按上下光标键可调节加工速度。

(6)按[P]键,回工件坐标系零点,Z 轴回安全高度。

(7)按[O]键,回到 NC 代码程序左下角。

(8)所有返回功能,以及加工过程中停止均用[ESC]键。

2.编程

在主菜单功能下按[F1]键或选择"编程"菜单,如果 NC 代码比较小,自动打开当前 NC 代码,在此功能下可以对 NC 代码进行编辑、修改、保存,并能及时编译;如果 NC 代码中有错误,错误信息将显示在下面长方形框中,选中错误信息,自动将错误所在行号进入当前编辑框中;如果 NC 代码大于 100 kB,则自动由记事本打开。

3.常用的 G 代码

(1)G0 快速点定位。

格式:G0 X_Y_

注意:_为输入的数值(下同),以设定的最快速度从当前点移动到_号所表示的坐标点上。

(2)G1 直线插补。

格式:G1 X_Y_F_

(3)G2 顺圆插补。

格式:G2 X_Y_I_J_F_

X_、Y_为圆弧的终点坐标,I_、J_为圆心相对于圆弧起点的坐标,F 为进给量。

(4)G3 逆圆插补。

格式:G3 X_Y_I_J_F_

X_、Y_为圆弧的终点坐标,I_、J_为圆心相对于圆弧起点的坐标。

4.仿真模拟加工

在主菜单下按[F2]键进入仿真功能。它可以将程序在计算机中进行一次仿真模拟加工,直观地观察加工时的走刀路径。该机床既可以调用 NC 文件进行仿真,也可以调用 DXF 代码进行仿真,仿真过程中可以随时按[ESC]键中断仿真过程。只要图形已经开始显示,仿真软件就会自动计算出 NC 代码中的最大值和最小值,在"程序信息"菜单中可以显示,以便加工者了解加工信息。

六、圆孔的加工

(一)切割编程

1.先切内孔,后切外框

水切割编程时,必须要先切内孔再切外框,否则当外框与母板料切断后再切内孔时容易造成水平移动或因水翻腾而上下抖动,都会影响切割精度。

2.添加引刀线和退刀线

水刀有打孔的功能,先在板材上打孔,再从打孔处开始切割。打孔需要一定的时间,才能在打孔处出现比正常切割大的圆点,这时打孔处有明显开孔痕迹。如果切割边有平滑要求,不希望留有打孔痕迹,需要编程时加入使用引刀线和退刀线。

3.刀缝补偿

水刀切割与其他切割方式一样在切割处会产生一定的刀缝,所以编程时必须考虑到对水刀切割路径进行刀缝补偿。任务要求在玻璃板中央用水刀开个 80 mm 孔,由于水射流具有一定的直径,所以实际产生一定宽度的切缝,这就造成无论是切下来的圆,或是切掉圆后的孔,都不是 80 mm。因此,编程中要引入刀缝补偿。

进行刀缝补偿时,首先要区分是要切圆形零件,还是要开孔。如果是要切割圆形零件,对外圆直径要求精确,那么切圆的实际路径直径要增大一个刀缝宽度值。比如切 80 mm 的外圆,而刀缝是 1 mm 时,实际编程路径是 81 mm 直径的圆。

当切割内孔时,对内圆直径要求精确,所以实际路径直径要减小一个刀缝宽度值。比如切 80 mm 大的内圆孔,而刀缝是 1 mm 时,实际编程路径是 79 mm 直径的圆。

4.打孔延时和动态打孔

当利用水刀自行打孔切割时,打孔的时间应随被切割材料的硬度、厚度不同而不同。如果采用静止打孔,就是当打孔时,水刀刀头静止不动,由于材料还没打通,射下去的水会反射上来,抵消一部分切割水力,这样会使得打孔速度慢。所以国外先进的水刀数控机床,都配备了动态打孔功能,可以提高打孔速度 50% 以上。动态打孔可以通过编程让刀头在打孔时小幅度来回移动来实现。但这种来回移动幅度会使起刀孔相对大一点,最好要利用引刀线从切割路径移开打孔位置的方法结合使用。

5.拐角减速

拐角减速是为了在切割较厚材料时对拐角处提高切割精度的必用技巧。水刀切割厚板材时,因为水射流穿透板材需要时间,而水射流同时又在沿着切割方向移动,所以造成水射流在板材的下口射出位置相对于上口的射入位置有个滞后现象。宽度是 1 mm 时,实际编程路径是 79 mm 直径的圆。

如果在锐角处不减速，会产生上口按设计切出锐角，但板材下口却因水射流的滞后而跟不上，从而切出圆口来。所以必须减速或利用切出后再切入方式来避免。为了减少因拐角减速引起的整体切割效率降低，编程时应设置只对小于 90°的锐角采用减速。

6. 拐角切出再切回

在切割形状和材料大小许可的情况下，也可以不用拐角减速，而是利用切出拐角再切回的方法。具体切出切回的路径有多种，常用的有三角形和圆弧形。

7. 小圆减速

当水刀切割直径比较小的圆或形状时，编程应当采用较小的切割速度。其中的原因还是水射流切割的滞后现象。如果不减速度，会产生上口圆大、下口圆小的结果。另外当机床以小圆轨迹运行时，由于小圆需要的加速度大，对机床的平稳性要求很高，所以通常数控系统对小圆有最大速度限制。编程时要遵守这个最大速度的限制。

8. 切边平滑度

如果对切割边有较高的平滑度要求，编程时就要适当调整降低切割速度。水刀切割速度越慢，切割出来的切面越光滑。随着切割速度的增加，切割面下半部分逐渐出现粗糙带，当速度大到一定程度时，就会出现切不透，产生连接。切割完成后要经过敲打，才能分离。

9. 厚板切断前减速

由于水刀的滞后现象，切割厚板时，当上口完成切割路径后，下口仍然有一小部分没有切完，所以有时会产生所需工件不能从母板分离的问题。为了避免这个问题，编程时通常需要在最后阶段减速，使滞后部分切割完成。

10. 留料

与切断前减速相反，当切割比较小的工件时，为防止工件切完后跌落水中，通常在编程时会有意在路径最后不切割，称作为留料。留料使得工件不被最后切断，与母体保持最后的连接而不落入水中，方便人工折断取出。

11. 切割顺序

切割路径编程中，合理的安排切割顺序，可以有效地减少刀头移动的距离从而减少加工时间。

(二)切割图形的生成

(1)用扫描仪扫描。

(2)利用 AutoCAD 软件绘制，生成 G 代码文件，然后在数控软件上读入。

(3)切割操作。开启计算机，进入切割程序，选定切割图形和切割速度(根据被切割材料种类、厚度选取切割速度)。将被切割材料吊装至切割平台，调整其底边、侧边分别与平台 X 轴、Y 轴平行。放好被切割材料，把喷射头移动至工件切割起点的上方，调整混砂管高度至离工件表面 2 mm。砂斗装入切割用砂，接通砂管，进入切割作业时，按操作界面的"水泵""起动""切割"键，程序会自动打开"高压""磨料"开关，整个切割过程自动完成。切割完成后，磨料及高压水开关会自动关闭，喷射头会自动回到切割起始点。在切割过程中,用调压旋钮把压力设定在要达到的压力(控制在 250 MPa 以下)。

(4)全部工作完成后,先退出系统,在 WINDOWS 界面关机,再关工控计算机电源,然后关闭高压发生器侧面电气总电源,最后关闭切割水加压泵电源及气泵电源。

七、切割过程注意事项及异常情况处理

(1)切割过程中密切注意刀头与被切材料距离,严禁无照看运行,造成砂管断裂,严重甚至损坏刀头及机床行走机构。

(2)切割过程发生断砂应立即按[ESC]键停机,处理砂阀及输砂管,未切透部分重新切割。操作方法:在"自动"界面按"任意段开始",输入程序段数值,按"确定"即可从过去的某程序段开始切割。

(3)切完一个工件后更换工件前,应将刀头移至远端,防止上料时碰坏刀头。

(4)切割过程中油温控制在 65 ℃以下,油温超过此值应立即采取降温措施。

(5)发生下列情况之一,应立即停机检修:

①高压正常运行,切割刀头无高压水喷出。

②切割刀头高压出水出现间歇,压力表指示在 0~15 MPa 间摆动。

③高压零件、高压管线出现裂纹、扭曲变形及介质泄露。

开机操作前,要检查高压回路及切割平台的各个环节,确定没有影响安全的因素方可开机。

千万不要用湿手触摸切割平台电控箱里的线路及开关等,无论在什么情况下,都不要用手接触水射流。

思考与练习

1. 简述水切割加工的工作原理。

2. 切断厚板时为什么要减速?

3. 说明编程时要对水刀切割路径进行刀缝补偿的原因。

4. 如何设计孔加工?

5. 简述圆孔加工的基本流程。

6. 切割圆孔时如何进行锐角减速?

7. 根据本任务完成情况填写表 10.1。

表 10.1　任务情况完成表

检查项目	加工前	加工后	根据对比结果,分析产生变化的原因
切割编程			
圆孔的尺寸			
切边的平滑度			

实操评量表

学生姓名：_____　学号：_____　班级：_____

序号	考核项目	项目	子项目	个人评价	组内互评	教师评价
1	知识目标达成度	水切割加工基础知识20%	搜集信息5%			
			信息学习8%			
			引导问题回答7%			
2	能力目标达成度	任务实施、检查60%	切割编程10%			
			操作系统的使用10%			
			机床操作规范20%			
			切割速度的选择10%			
			加工质量10%			
3	职业素养达成度	团结协作10%	配合很好5%			
			服从组长安排3%			
			积极主动2%			
		敬业精神10%	学习纪律10%			
评语						

学习项目六　电化学加工

任务十一　标牌的电铸加工

实操任务单

任务引入：日常生活中我们可以看到各种各样的标牌，如图 11.1 所示。这些标牌表面异常光亮，平整，图文边缘光洁，无须二次加工，金属质感好，经济耐用，它们通常是用电镀或电铸加工的。本任务通过联想标牌(图 11.2)的电铸加工，学习电化学加工的基本知识。

(a) 超薄镍金属标牌

(b) 铝制资产牌

(c) 金制标牌

(d) 不锈钢标牌

(e) Pet标牌

(f) 3d镍标牌

图 11.1　电铸、电镀标牌

图 11.2　联想标牌的电铸加工

续表

教学目标	**知识目标：** 1.电化学加工的分类 2.电铸加工的原理 3.电铸加工的工艺流程 **能力目标：** 学会电铸加工的工艺设计 **素质目标：** 1.养成安全操作习惯,具有良好的职业道德 2.能够吃苦耐劳,具有工匠精神
使用器材	电铸槽,直流电源,恒温控制器,设备水位自控器及电子换向器等

实操步骤及要求：

一、任务分析

1.电铸加工的基本原理

2.电铸加工的特点与用途

3.电铸加工的工艺流程

二、任务计划

1.讲解电铸加工原理,以及所需设备

2.母模的设计制造

3.母模的表面处理,电铸的厚度,脱模处理

4.分组进行工艺流程的制定

三、任务准备

1.电铸标牌时应注意事项

2.电铸材料的选择

3.电铸设备

4.制作好的母模

四、任务实施

1.晒版

2.电铸

3.剥离

4.上胶

五、任务思考

1.电铸和电镀的区别

2.母模处理注意哪些问题

知 识 链 接

电化学加工(Electrochemical Machining,ECM)包括从工件上去除金属的电解加工和向工件上沉积金属的电镀、涂覆、电铸加工两大类。虽然有关的基本理论在 19 世纪末已经建立,但真正在工业上得到大规模应用,还是在 20 世纪 50 年代后期。目前,电化学加工已经成为我国民用和国防工业中的一个不可或缺的加工手段。基于电化学原理的微细制造技术已成为国际特种加工领域的研究热点。

一、电解加工

1. 电解加工的原理

电解加工是利用阳极溶解的电化学反应对金属材料进行成形加工的方法,其原理图如图 11.3 所示。

当工具阴极不断向工件推进时,由于两表面之间间隙不等,间隙最小的地方,电流密度最大,工件阳极在此处溶解得最快。因此,金属材料按工具阴极形面的形状不断溶解,同时电解产物被电解液冲走,直至工件表面形成与阴极形面近似相反的形状为止,此时即加工出所需的零件表面。

电解加工采用低电压大电流的直流电源(6～24 V)。为了能保持连续而平稳地向电解区供给足够流量和适宜温度的电解液,加工过程一般在密封装置中进行。

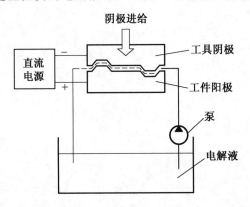

图 11.3　电解加工的原理图

2. 电解液的种类

电解液分为中性盐溶液、酸性溶液与碱性溶液三大类。中性盐溶液的腐蚀性小,使用时较安全,故应用最普遍。最常用的中性盐溶液有 $NaCl$、$NaNO_3$、$NaClO_3$ 三种电解液。

3. 电解加工的应用

我国自 1958 年在膛线加工方面成功地采用了电解加工工艺并正式投产以来,电解加工工艺的应用有了很大发展,逐渐在各种膛线、花键孔、深孔、内齿轮、链轮、叶片、异形零件及模具等方面获得了广泛的应用,电解加工实例如图 11.4 所示。

（1）型腔加工。对模具消耗较大、精度要求不太高的矿山机械、农机、拖拉机等所需的锻模已逐渐采用电解加工

（2）形面加工。涡轮发动机、增压器、汽轮机等的叶片,叶身形面形状比较复杂、要求精度高,加工批量大,采用机械加工难度大,生产率低,加工周期长,而采用电解加工则不受叶片材料硬度和韧性的限制,在一次行程中就可加工出复杂的叶身形面,生产率高,表面粗糙度小,电解加工整体叶轮在我国已得到普遍应用。

（3）电解倒棱去毛刺。机械加工中去毛刺的工作量很大,尤其是去除硬而韧的金属毛刺,需要很多的人力,电解倒棱去毛刺可以大大提高工效。

（4）深孔扩孔加工。深径比大于 5 的深孔,用传统切削加工方法加工,刀具磨损严重,表面质量差,加工效率低。目前采用电解加工方法加工 ϕ4 mm×2 000 mm、ϕ100 mm×8 000 mm 的深孔,加工精度高,表面粗糙度低,生产率高。

电解加工深孔,按工具阴极的运动方式可分为固定式和移动式两种。

（5）深小孔加工。加工深小孔有两种方法,即普通电解加工和电液束加工。

（6）型孔加工。对一些形状复杂、尺寸较小的四方、六方、椭圆、半圆等形状的通孔和不通孔,机械加工很困难,可采用电解加工。

　　(a) 内花键齿轮　　　　　　　　(b) 叶片　　　　　　　　　(c) 模具

图 11.4　电解加工实例

二、电铸加工

1.电铸加工的原理

电铸加工原理与电镀加工原理相同,都是用导电的原模作为阴极,电铸材料作为阳极,含电铸材料的金属盐溶液作为电铸液。在直流电的作用下,阳极金属被腐蚀成为金属离子进入电铸液,阴极原模上电铸层逐渐加厚。当电铸层达到预定厚度时,设法与母模分离并取出,即可获得与原模形面凹凸相反的电铸件,如图 11.5 所示为电铸加工原理示意图。

2.电铸加工与电镀加工的区别

电铸加工与电镀加工同属于电沉积技术,主要区别是电镀是研究在工件上镀覆防护

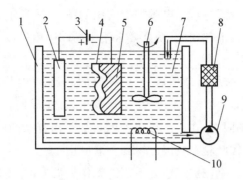

图 11.5　电铸加工原理示意图

1—电镀槽;2—阳极;3—直流电源;4—电镀层;5—原模(阴极);6—搅拌器;

7—电铸液;8—过滤器;9—泵;10—加热器

装饰与功能性金属镀层的工艺,要求镀层和产品良好附着,而电铸是研究电沉积拷贝的工艺以及拷贝与芯模的分离方法、厚层金属与合金层的使用性能与结构,最后要镀层和模具易分离。

3.电铸加工的特点

(1)复制精度高。可用制品作为母模,准确地复制形状复杂的成形表面和细微纹路,制件表面粗糙度小,用同一原模能生产多个电铸件,复制品一致性好。

(2)对产品上的图案及字体可以达到轮廓清晰、纹理细腻的表现。

(3)标牌表面可以实现如镭射、高光、磨砂面、腐蚀面、拉丝面等;文字可以实现凸字、凹字、高光字、拉丝字、镭射字、磨砂字等效果。

(4)简单、操作容易,成本低。

(5)电铸速度慢;电铸件厚度薄,壁厚不均匀;尺寸大而薄的铸件容易变形。

(6)适用制作塑料模型腔,耐腐蚀性好但不宜受冲击。

(7)可把零件的内表面加工转为母模的外表面加工,制造机械加工无法加工的复杂形面。

(8)通过电铸加工可获得高纯度的电极,导电性好。

(9)电铸件有较好的机械强度,不需热处理淬硬。

4.电铸加工的应用

(1)可复制精细的表面轮廓花纹,如唱片模,工艺美术品模、纸币、证券、邮票的印刷版等。

(2)可按制品复制注塑模具和玻璃模型腔,型腔耐腐蚀性好。

(3)电铸电火花型腔用的电极,其电极的导电性好。

(4)可制造复杂、高精度的空心零件和薄壁零件,如波导管等。

(5)可制造表面粗糙度标准样块、反光镜、表盘、异形孔喷嘴等特殊零件。电铸加工的产品如图 11.6 所示。

(a) 工艺美术品　　　　　(b) 手表表盘圈　　　　　(c) 滚轮模具

图 11.6　电铸加工的产品

5. 电铸加工的材料及用途

(1)电铸镍,适用于小形塑料模型腔复制和高精度内表面的加工。其质量好,强度和硬度好,表面粗糙度小,电铸时间长,价格昂贵。

(2)电铸铜,用于电铸电极和电铸镍壳的加固层。其导电性好,价格便宜,强度和耐磨性差,不耐酸。

(3)电铸铁,用于电铸镍壳的加固层和修补磨损的机械零件。其成本低,质量差,易腐蚀。

6. 电铸加工的设备

电铸加工的设备主要包括电铸槽、直流电源、恒温控制备、水位自动控制设备、电子换向器和搅拌过滤系统。

(1)电铸槽。由铅板、橡胶或塑料等耐腐蚀材料作衬里,小形的可用陶瓷、玻璃或搪瓷容器。

(2)直流电源。采用低电压大电流的直流电源,常用硅整流或可控硅直流电源。

(3)恒温控制设备。保证电铸液温度基本不变,包括加热器、温度计和恒温控制器。

(4)电子换向器。为了改善电铸时尖端放电现象,采用电子换向器定期改变阳极及母模的电流方向。

(5)搅拌、过滤系统。为了降低电铸液浓度差,加大电流密度,应有搅拌器。为了除去工作液中的固体杂质,应有循环过滤系统。

7. 电铸成形工艺过程

电铸成形工艺过程:母模设计与制造—母模表面处理—电铸至规定厚度—脱模和加固—清洗干燥—辅助机械加工—成品。

(1)母模设计与制造。母模的形状与型腔相反,母模尺寸应考虑材料收缩率,沿型腔深度方向应加长 $5\sim8$ mm,以备电铸后切除端面的粗糙度部分。

对需脱模的母模,电铸表面应有 $15\sim30'$ 的脱模斜度,并进行抛光,使表面粗糙度达 $Ra0.16\sim0.08$,同时需考虑脱模措施和电铸时的挂装位置。

在母模的轮廓较深的底部,凹、凸不能相差太大,同时尽量避免尖角。

(2)母模常用材料。母模常用材料有不锈钢、中碳钢、铝、铜、低熔点合金、有机玻璃、塑料、石膏、石蜡等。

母模所用材料有金属和非金属材料之分，其中又分为可熔型不可熔型等，可根据不同需要进行选择。

(3)母模表面处理。

①金属母模须钝化处理或镀脱模层处理。钝化处理一般用重铬酸盐溶液处理；镀脱模层一般是镀 $8\sim10\ \mu m$ 厚的硬铬。

形状复杂的母模，可先镀镍再镀铬；脱模困难的深型腔，先喷上一层聚乙烯醇感光剂，经曝光烘干后再进行镀银处理。用低熔点合金制成的母模不需要镀脱模层。

②石膏或木材制成的母模须防水处理。在电铸前可用喷漆或浸漆的方法进行防水处理。用石膏制成的母模还可采用浸石蜡的方法进行防水处理。

③非金属母模镀导电层处理。非金属不导电，不能直接电铸加工，因此要经过镀导电层处理。镀导电层处理一般是在防水处理后进行的。

镀导电层可以采用导电漆的涂敷处理、真空涂膜或阴极溅射处理，常用的是采取化学镀银或化学镀铜处理。为了得到良好的导电层，一般母模需要两次镀导电层处理，而石膏母模则需进行三次镀银处理。

④引导线及包扎处理。母模经镀起模层及镀导电层处理后需进行引导线与包扎处理，其目的是使导电层能够在电沉积操作过程中良好地通电，并将非电铸表面予以隔离。

(4)脱模和加固。电铸件壁厚较薄，一般要用其他材料在其背面加固，防止变形，机械加工后再镶入模套，最后脱模。

常用的脱模方法是脱模架脱模、化学溶解母模、加工热熔化母模、加热或冷却胀缩分离。

金属母模脱模比较困难，常用脱模架或螺钉脱模，即采用旋转螺钉的方法进行起模。

最常用的加固方法是采用模套进行加固。加固后再对型腔外形进行起模和机械加工。模套是按电铸件配做的金属套。模套与电铸件之间有少量间隙，在模套内孔和电铸型腔外表面涂一层无机黏结剂后再进行压合，以加强配合强度。

8.电铸标牌设计注意事项

(1)浮雕或隆起部分边缘应该留有拔模斜度，最小为 $10°$，并伴随产品高度增加，拔模斜度也相应增加，字体的拔模斜度应在 $15°$ 以上。

(2)标牌的理想高度在 3 mm 以下，浮雕或凸起部分在 0.4～0.7 mm 之间。

(3)字体的高度或深度不超过 0.3 mm。若采用镭射效果，则高度或深度不超过 0.15 mm，在 0.1 mm 左右最为合适。

(4)产品的外形轮廓使用冲床加工，为防止冲偏伤到产品，其外缘切边宽度平均为 0.07 mm。为防止产品冲切变形，尽量保证冲切部分在同一平面或尽量小的弧度，避免用力集中而造成产品变形。冲切只能在垂直产品的方向作业。

（5）标牌表面效果，可采用磨砂面、拉丝面、光面、镭射面相结合的方式。

①光面多用于图案或者产品的边缘，产品表面应该避免大面积的光面，否则容易造成划伤；

②磨砂面和拉丝面多用于标牌底面，粗细可进行调整；

③在实际的生产中，磨砂面的产品要比拉丝面的产品不良率低，但开发周期长一些；

④镭射面多用于字体和图案，也可用于产品底面。

（6）若产品表面需要喷漆处理，应提供金属漆的色样。由于工艺的限制，应允许最终产品的颜色与色样有轻微的差异。

（7）若标牌装配时为嵌入的结构，请提供机壳的正确尺寸及式样。若标牌的尺寸过高、过大，应在机壳的相应部件加上支撑结构。

（8）用户应提供完整的资料，包括 2D 和 3D 的图档。2D 使用 DWG 格式的文件，3D 使用 PRT 格式的文件，产品外观以 3D 图档为准；但是外形轮廓尺寸以 2D 图为准；图案或字体用 CDR 格式或者 AI 格式的文件，另外应提供产品的效果图。

三、电化学抛光

电化学抛光又称电解抛光，直接应用阳极溶解的电化学反应对机械加工后的零件进行再加工，以提高工件表面的光洁度。电解抛光比机械抛光效率高、精度高，且不受材料的硬度和韧性的影响，有逐渐取代机械抛光的趋势。电解抛光的基本原理与电解加工相同，但电解抛光的阴极是固定的，极间距离大（1.5～200 mm），去除金属量少。电解抛光时，要控制适当的电流密度，电流密度过小时金属表面会产生腐蚀现象，且生产效率低；当电流密度过大时，会发生氢氧根离子或含氧的阴离子的放电现象，且有气态氧析出，从而降低了电流效率。

四、电镀加工

电镀加工是用电解的方法将金属沉积于导体（如金属）或非导体（如塑料、陶瓷、玻璃钢等）表面，从而提高其耐磨性，增加其导电性，并使其具有防腐蚀和装饰功能。对于非导体制品的表面，需经过适当地处理（用石墨、导电漆、化学镀处理，或经气相涂层处理），使其形成导电层后，才能进行电镀加工。电镀加工时，将被镀的制品接在阴极上，要镀的金属接在阳极上。电解液是用含有与阳极金属相同离子的溶液。通电后，阳极逐渐溶解成金属正离子，溶液中有相等数目的金属离子在阴极上获得电子随即在被镀制品的表面上析出，形成金属镀层。例如，在铜板上镀镍，以含硫酸镍的水溶液作为电镀液。通电后，阳极上的镍逐渐溶解成正离子，而在阴极的铜板表面上不断有镍析出。

五、电刻蚀加工

电刻蚀加工又称电解刻蚀加工。应用电化学阳极溶解的原理在金属表面蚀刻出所需的图形或文字。其基本加工原理与电解加工相同。由于电刻蚀所去除的金属量较少，因而无须用高速流动的电解液来冲走由工件上溶解出的产物。加工时，阴极固定不动。电刻蚀有以下 4 种加工方法。

　　(1)按要刻的图形或文字，用金属材料加工出凸模作为阴极，被加工的金属工件作为阳极，两者一起放入电解液中。接通电源后，被加工件的表面就会溶解出与凸模上相同的图形或文字。

　　(2)将导电纸(或金属箔)裁剪或用刀刻出所需加工的图形或文字，然后粘贴在绝缘板材上，并设法将图形中各个不相连的线条用导线在绝缘板背面相连，作为阴极。适于图形简单、精度要求不高的工件。

　　(3)对于图形复杂的工件，可采用制印刷电路板的技术，即在双面敷铜板的一面形成所需加工的正的图形，并设法将图形中各孤立线条与敷铜板的另一面相连，作为阴极。不适于加工精细且不相连的图形。

　　(4)在待加工的金属表面涂一层感光胶，再将要刻的图形或文字制成负的照相底片覆在感光胶上，采用光刻技术将要刻除的部分暴露出来。这时阳极仍是待加工的工件，而阴极可用金属平板制成。

思考与练习

　　1.简述电铸加工的原理。

　　2.本任务中母模采用何种材料制造？

　　3.如何设计母模的结构？

　　4.母模表面如何处理？

　　5.电铸加工的基本流程是什么？

　　6.如何处理好脱模？

　　7.结合本任务的实施，讨论一下如何提高电铸产品的质量？

　　8.说明电铸加工与电镀加工的区别。

实操评量表

学生姓名：_____　学号：_____　班级：_____

序号	考核项目	项目	子项目	个人评价	组内互评	教师评价
1	知识目标达成度	电化学加工基础知识 20%	搜集信息 5%			
			信息学习 8%			
			引导问题回答 7%			
2	能力目标达成度	任务实施、检查 60%	母模设计 10%			
			母模材料的选择 10%			
			母模表面处理 20%			
			脱模和加固 10%			
			加工质量 10%			
3	职业素养达成度	团结协作 10%	配合很好 5%			
			服从组长安排 3%			
			积极主动 2%			
		敬业精神 10%	学习纪律 10%			

评语

参 考 文 献

[1] 李玉青. 特种加工技术[M]. 2 版. 北京:机械工业出版社,2021.

[2] 周燕青,丁金晔. 数控电加工编程与操作[M]. 北京:化学工业出版社,2012.

[3] 周旭光. 特种加工技术[M]. 2 版. 西安:西安电子科技大学出版社,2011.

[4] 伍端阳. 数控电火花加工现场应用技术精讲[M]. 北京:机械工业出版社,2009.

[5] 贾立新. 电火花加工实训教程[M]. 西安:西安电子科技大学出版社,2007.

[6] 雷林均. 电火花线切割加工[M]. 重庆:重庆大学出版社,2007.

[7] 周旭光. 线切割及电火花编程与操作实训教程[M]. 北京:清华大学出版社,2006.